# 炼钢—连铸工业过程生产与运输资源协同优化调度

庞新富 刘炜 于洋 著

哈尔滨工业大学出版社
HARBIN INSTITUTE OF TECHNOLOGY PRESS

**图书在版编目（CIP）数据**

炼钢—连铸工业过程生产与运输资源协同优化调度 /
庞新富,刘炜,于洋著. —哈尔滨:哈尔滨工业大学出
版社,2021.4
ISBN 978 – 7 – 5603 – 9347 – 6

Ⅰ. ①炼⋯ Ⅱ. ①庞⋯ ②刘⋯ ③于⋯ Ⅲ. ①炼钢 –
工业生产 – 生产管理 – 研究 ②连接铸钢 – 工业生产 – 生产
管理 – 研究 Ⅳ. ①TF7

中国版本图书馆 CIP 数据核字(2021)第 014397 号

HITPYWGZS@163.COM
13936171227

策　划　李艳文　范业婷
责任编辑　范业婷　李佳莹
封面设计　屈　佳
出版发行　哈尔滨工业大学出版社
地　　址　哈尔滨市南岗区复华四道街 10 号　邮编　150006
传　　真　0451 – 86414749
网　　址　http://hitpress.hit.edu.cn
印　　刷　哈尔滨圣铂印刷有限公司
开　　本　787 mm×1 092 mm　1/16　印张 11.75　字数 194 千字
版　　次　2021 年 4 月第 1 版　2021 年 4 月第 1 次印刷
刊　　号　ISBN 978 – 7 – 5603 – 9347 – 6
定　　价　58.00 元

(如因印装质量问题影响阅读,我社负责调换)

# 前　言

　　现代大型炼钢—连铸生产过程由多台转炉、多台多种精炼炉、多台连铸机,以及装载钢水的多个钢包和运输钢包的多台天车组成。转炉将冶炼后的钢水注入钢包(一台转炉内冶炼的一炉钢水,称为一个炉次),再由天车运载装满钢水的钢包到精炼炉进行精炼。精炼后的钢水被运送到连铸机前倒入中间包,经中间包(流入同一个中间包进行浇铸的炉次集合,称为一个浇次)流入连铸机连续浇铸形成钢坯。

　　炼钢—连铸生产静态调度是指在生产工艺路径和炉次处理时间为固定常数前提下,以给定浇次在连铸机上准时开浇、同一浇次内炉次连续浇铸及同一设备上相邻炉次作业不冲突等为目标,决策各炉次在转炉工序和精炼工序的加工设备,并决策各炉次在转炉、精炼炉及连铸机上的开工时间,形成调度时刻表。

　　在炼钢—连铸生产过程中,因铁水或废钢供应不及时会经常发生钢水在转炉设备上开工延迟,这可能会造成同一设备上相邻炉次作业冲突或同一浇次内相邻炉次在连铸机上断浇,从而导致静态调度计划失效;某一炉次钢水温度过低需要增加精炼工序进行升温、紧急炉次计划插入,需要调度人员干预优化调整过程,调整静态调度计划。炼钢—连铸生产重调度是在保证生产工艺路径不变的前提下,以转炉、精炼炉上相邻炉次作业不冲突和同一浇次内相邻炉次在连铸机上不断浇为目标,决策未加工炉次在转炉和精炼阶段的加工设备,以及在转炉、精炼炉和连铸机上的开工时间和完工时间,决策已开工炉次在该设备上的完工时间。

　　本书以中国上海某大型钢铁集团的炼钢—连铸生产线为背景,针对多台转炉、多台多种精炼炉、多台连铸机及多重混合精炼方式下的生产设备重调度和运输设备天车调度问题进行了研究。第2章,针对加工时间可变的炼钢—连铸生产重调度问题,提出了求解FJS型炼钢—连铸生产重调度问题的拉格朗日松弛水平优化方法。建立了基于时间索引变量的混合整数规划模型,提出了基于工件单元分解和基于机器单元分解的松弛策略;针对两种松弛策略的松弛问题,提出了带有多项式时间复杂度的动态规划算法。基于上述方法,提出了近似误差可控的松弛问题近似优化方法以及相应的近似次梯度水平算法求解对偶问题。最后,通过数值实验比较和分析了所提的算法。第3章,针对某一炉次钢水温度过低需要增加精炼工序进行升温、紧急炉次计划插入、时间大延迟扰动下,需要调度人员干预优化调整过程的 FJS 型炼钢—连铸重调度问题,提出由基于人机协同的炉次加工设备调整、基于线性规划的炉次开工和完工时间调整两部分组成的人机协同重调度策略,并给出了各部分的调度算法,开发了相应的重调度系统,应用于炼钢—连铸实际生产过程,提高了调度系统应对扰动的响应速度和生产效率。第4章,针对生产中容易出现天车不能及时到位,使得编制好的生产调度计划不能及时在相应的设备上执行,造成生产调度计划延误,甚至整炉钢水被迫报废的实际问题,建立了考虑生产设备调度计划约束的运输设备天车调度模型。设计了天车冲突解消策略,提出了启发式天车运行调度方法,采用模糊综合评价方法对调度结果进行评价分析,并开发了相应的天车调度软件系统。第5章,针对主设备生产计划不考虑炉次运输,易导致作为钢水载体的钢包调度在生产中不能完全满足主设备生产的问题,以炉次计划为依据,在满足炉次计划中设备指派与在该设备上的开工和结束时间的条件下,建立炼钢—连铸生产过程中钢包优化调度模型,包括钢包选配、钢包路径编制和天车调度。

本书第 1 章由于洋、庞新富执笔,第 2 章、第 3 章和第 4 章由庞新富执笔,第 5 章由刘炜、庞新富执笔,全书由庞新富统稿。本书内容相关的研究工作得到了"国家自然科学基金"(61773269)、"辽宁省社科规划基金"(L20BGL017)、"辽宁省自然科学基金重点领域联合基金"(2019 - KF - 03 - 08)、"辽宁省高等学校创新人才支持计划"(LR2019045)、"沈阳市中青年科技创新人才支持计划"(RC190042)等项目的资助,在此表示衷心的感谢! 在长期的课题研究过程中,感谢东北大学流程工业综合自动化国家重点实验室柴天佑院士多年来给予悉心指导,感谢华中科技大学高亮教授、上海大学潘全科教授、东北大学罗小川教授、东北大学俞胜平副教授、北京华为数字技术有限公司毛坤博士给予的指导与帮助。另外,在本书的撰写过程中,作者参考了大量国内、外文献资料,在此向这些国内、外的作者表示衷心感谢,对于可能遗漏的参考资料作者表示歉意。

作　者
**2021 年 1 月**

# 目　　录

# 第1章　绪论

## 1.1　研究背景及意义

由于全球性激烈的商业竞争,人们对在制造业中占据着举足轻重地位的流程工业企业在产品的质量、成本、交货期等方面提出越来越高的要求。1990 年 11 月,美国先进制造研究协会(Manufacturing Execution Systems Association,MESA)提出了既重视计划又重视执行的管理新思想,即制造执行系统(Manufacturing Execution System,MES)[1]。MES 位于上层企业资源计划(Enterprise Resource Planning,ERP)和底层过程控制系统(Process Control System,PCS)之间,是计划层和车间控制层之间的信息纽带。文献[2]、[3]中提出了适合流程企业实现扁平化管理模式的基于经营计划系统(BPS)、制造执行系统(MES)、过程控制系统(PCS)三层结构的CIMS,与五层结构相比更易于集成和实现。文献[4]综述了制造执行系统(MES)的产生与发展过程,提出了 MES 的发展趋势和实现管理扁平化和综合生产指标优化的流程工业 MES 所需要的关键技术。随着能源紧张问题逐步成为制约我国工业生产制造业可持续发展的瓶颈因素,节能降耗已成为我国国民经济战略的一项长期发展方针。《国民经济和社会发展第十三个五年规划纲要》提出了"十三五"期间,单位国内生产总值能源消耗降低 15%,主要污染物排放总量减少 10% ~ 15%的要求。为此,结合目前我国钢铁行业能源消耗水平和污染物排放强度的实际情况,《规划》提出"十三五"期间能源消耗总量和污染物排放总量双下降的目标,分别下降 10%和 15%以上。文献[5]、[6]中指出综合自动化的前沿核心技术是生产制造全流程优化控制技术,其内涵是在市场需求、节能降耗、环保等约束条件下,通过优化决策产生实现企业综合生产指标(反映企业最终产品的质量、产量、成本、消耗等相关的生产指标)优化的生产制造全流程的运行指标(反映整条生产线的中间产品在运行周期内的质量、效率、能耗、物耗等相关的生产指标)和过程运行控制指标(反映产品在生产设备加工过程中的质量、效率与消耗等相关的变量),通过生产制造全流程运行优化和过程运行控制实现运行指标的优化控制,进而实现企业综合生产指标优化。文献[7]中指出中国制造的钢、电熔镁砂、氧化铝等产品的产量不仅居世界第一位,而且也是生产上述产品的赤铁矿、铝土矿、菱镁矿的资源大国。针对能耗高、资源消耗大、产品质量相对低的问题,研究人员提出了复杂工业过程数据驱动的混合智能运行优化控制方法。随着 CPS 和德国工业4.0 的提出,文献[8]通过对过程工业和离散制造业不同特点和智能制造的不同目标的分析,研究人员提出了实现高效化与绿色化为目标的过程工业智能优化制造的含义和工业过程控制系统的发展方向——智慧优化控制系统,并明确指出了实现过程工业高效化和绿色化的关键是生产工艺优化和生产全流程的整体优化,这其中就包含了生产计划与调度。

随着经济建设的快速发展,我国已成为世界制造业大国:钢铁、有色冶金、石化、纺织和电子等制造业已取得了跨越式发展,钢产量连续 11 年位居世界第一,已成为我国的支柱产业[9]。但我国炼钢—连铸过程存在能耗高、管理不够精细、钢水成分控制精确度偏低、设计理论与设计方法创新不多等问题。近年来,国内、外日趋激烈的市场竞争,以及国家推行的节能减排和低碳经济等政策,使得炼钢厂对其产品质量、能耗水平和生产效率等提出了更高的要求[10]。

在现代钢铁生产过程中,炼钢—连铸生产过程是整个生产流程中的核心工序,主要涉及炼钢、精炼、连铸三大生产工序,其对应的生产设备分别为转炉、精炼炉和连铸机,运输设备包括天车、台车和钢包,图 1.1 所示为某大型钢铁企业炼钢过程生产设备与运输设备布局图。在炼钢—连铸整个生产过程中,钢水温度、钢水成分和加工时间是系统运行的关键参数,而运输时间又是影响钢水温度的重要参数,因此运输时间也是系统运行的关键参数。市场对钢材质量越来越高的要求,导致钢水成分范围越来越窄,而连铸为保证好的铸坯质量及稳定的工艺过程,又对钢水温度提出了更为苛刻的要求。在高效连铸技术的推动下,炼钢—连铸系统运行过程连续化程度日益增加,对生产节奏也提出了更高的要求,需要合理配置生产设备与运输设备资源协同作业。

炼钢—连铸过程由多台转炉、多台多种精炼炉、多台连铸机通过多种精炼方式组成。转炉将冶炼好的钢水注入钢包(一台转炉内冶炼的钢水,称为一个炉次)。钢包运载钢水到精炼炉进行精炼(一个炉次在一台或多台精炼炉上加工,冶炼分为单联冶炼或双联冶炼;精炼分别称为一重或多重精炼,如图 1.2 所示)。精炼后再使用同一钢包把钢水运输到中间包(装载钢水的容器)并注入其中,钢水通过中间包再送到连铸机铸成板坯。钢包中的钢水完全注入后,钢包下线完成一次运输过程。

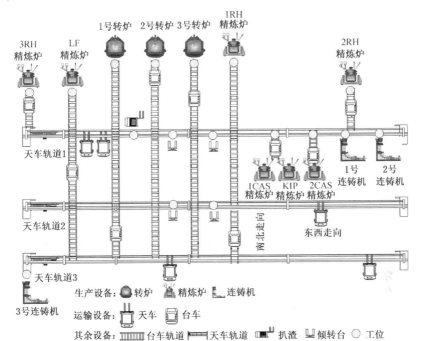

图1.1　某大型钢铁企业炼钢过程生产设备与运输设备布局图

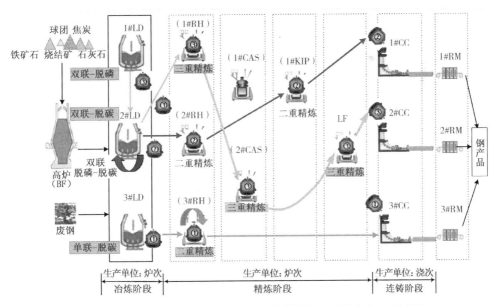

图1.2　双联冶炼、多重精炼和连续浇铸的炼钢—连铸生产工艺过程

炼钢—连铸生产过程不仅需要进行生产设备调度,而且需要进行钢包、台车和天车等运输设备调度。钢水在空间位置上的转移是通过钢包运输作业得以实现的。钢厂中主要有天车运输、皮带运输、钢包台车运输和辊道运输四种运输形式,其中集装卸、搬运、运输功能于一身的天车运输是炼钢—连铸的主要运输形式,是工序间物流衔接的载体。钢包、天车调度是运输设备调度的重要组成部分,是工序间物流匹配、衔接和调控的"枢纽"。所以如何将运输设备合理地分配给各运输任务并保证运输设备运行不发生冲突,使得生产计划的综合指标提高,就成为炼钢—连铸运作管理的关键问题。

炼钢—连铸过程中转炉、精炼和连铸机都是固定不动的,炉次在其生产调度中空间位置的转移是通过天车、台车和钢包设备作业得以实现的,所以生产调度过程是一个炉次生产批调度和运输设备调度相协同的二维时空优化问题。同时,炼钢—连铸生产具有多模式、多炉次、多工序、多设备和多扰动等特征,整个生产过程工艺复杂、物流交错,又具有多目标、强约束等建模特点,并且现有的调度方法没有考虑双联冶炼(首钢京唐双联冶炼的炉次达到总炉次的80%)、多重精炼和连续浇铸的生产模式,也没有考虑基于运输时间参数估计的预测扰动生产与运输设备动态协同调度问题,难以有效地应用到具有双联冶炼、多重精炼和连续浇铸的炼钢厂中。因此,迫切需要从实际需求出发,研究动态环境下炼钢—连铸生产与运输资源协同调度问题,发展新颖高效的优化调度方法,有利于合理配置生产资源协同作业,调控生产过程的节奏,缩短工序等待时间,提高生产调度计划的综合指标,降低物耗和能耗,具有重要的理论和实际应用价值。

本书主要依托国家自然科学基金面上项目"动态环境下炼钢—连铸过程生产与运输资源协同优化调度问题研究"(61773269)和辽宁省社科规划基金项目"数据-模型混合驱动的炼钢生产车间集成化调度模型与决策方法研究"(L20BGL017),针对国内某大型钢铁企业的炼钢—连铸过程中生产设备重调度问题和运输设备天车调度问题,提出了生产设备重调度策略和算法、运输设备天车调度方法,并设计和开发了炼钢—连铸过程生产与运输设备调度软件系统。实际应用效果表明该调度软件系统有效地减少了钢水加工等待时间、减轻了调度人员的工作强度、提高了重调度效率。

## 1.2　钢铁生产调度的研究现状

### 1.2.1　生产调度相关概念

#### 1.2.1.1　生产调度问题的定义

生产调度问题早在 20 世纪初就受到了企业工程师和管理者的重视,但当时只是一些简单的想法,并没有上升到理论的高度,也没有切实可行的实际应用。在过去几十年间,人们主要从应用数学的角度来研究调度问题,生产调度问题一般被称为排序问题或资源分配问题,通常被定义为"分配一组资源来执行一组任务",也就是"排序(sequencing)"问题。在生产调度中,可以这样来描述调度问题:"在某一时间期限内分配一组机器来执行生产订单任务。"[11]针对当今先进的制造模式,可以把生产调度定义得更详细一些:"生产调度是在尽可能满足约束条件(如交货期、工艺路线和资源情况等)的前提下,通过下达生产指令,安排其组成部分(操作)使用哪些资源、其加工顺序及加工时间,以达到产品制造周期最小和成本的最优化的目标。"

#### 1.2.1.2　生产调度理论的起源与发展

从 20 世纪 50 年代起,调度问题的研究就受到应用数学、运筹学、工程技术等领域科学家的重视。1954 年,文献[12]中提出了解决 $n/2/F/C_{max}$ 和部分特殊的 $n/3/F/C_{max}$ 问题的有效最优算法,文献[13、14]提出了求解单机调度问题的多种规则。这些早期研究成果构成了调度问题研究的理论基础,并成为这一领域的先驱性研究工作。

20 世纪 60 年代,调度理论始终围绕着采用混合或纯整数规划、动态规划和分支界定等运筹学方法[15]。与此同时,启发式方法也开始被用于常规方法难于求解的问题,如 Flow shop 调度问题的 Palmer 算法[16]、Job shop 调度问题的 Giffler 算法[17]和 Fisher 算法[18]。文献[19]中的工作被认为是调度理论研究的正式开始,此后 30 多年的调度理论和应用研究都受其影响。

20 世纪 70 年代,人们开始注意并重视调度复杂性问题的研究,提出了用于研究算法有效性和问题难度的计算复杂度理论,许多调度问题被证明为 NP 完全问题。在认识到调度问题的内在复杂性后,人们转向求解调度问题的启发式算法及其有效性研究。其中具有代表性的研究成果为 Flow shop 和 Job shop 调度问题计算复杂性研究[20]、Job shop 调度问题求解算法[21]和瓶颈转移法(Shifting Bottleneck Procedure,SBP)[22]。

从 20 世纪 80 年代初开始,人们开始尝试并致力于解决实际调度问题,调度研究由理论研究转向应用研究阶段。应用邻域搜索、人工智能和实时智能研究成果解决实际调度问题的智能调度方法走上了历史舞台。模拟退火算法(Simulated Annealing,SA)[23]、遗传算法(Genetic Algorithm,GA)[24]和禁忌搜索算法(Tabu Search,TS)[25]等通用启发式求解算法、人工神经元网络(Neural Network,NN)[26]、智能专家系统(Intelligent Expert system,IES)[27]技术大量用于各类调度问题求解,并取得前所未有的成功。

### 1.2.1.3　生产调度问题的分类

(1)按照机器的种类和数量,可分为以下七种。

①单机(single machine)调度问题[28]指所有的工件均需在指定的单台机器上加工完成,其主要任务是合理安排各工件的加工顺序,以满足特定目标(如完工时间,提前/拖期等)。

②并行(Parallel)机调度问题[29]指研究 $n$ 个工件在 $m$ 台机器上的加工过程,每个工件仅需在某一台机器上加工一次(不加特殊说明,一般约束所有机器的加工性能相同),要求某调度指标最优。

③Open shop 调度问题[30]指每个工件必须在每台机器上加工但加工时间可以为零,并且每个工件通过各机器的路径是自由的、任意的,允许由调度员来指定此路径,并且不同工件可有不同路径。

④Job shop 调度问题[31]指研究 $n$ 个工件在 $m$ 台机器上的加工,已知各操作的加工时间和各工件在各机器上的加工次序约束,要求确定与工艺约束条件相容的各机器上所有工件的加工开始时间或完成时间或加工次序,使加工性能指标达到最优。

⑤Flow shop 调度问题[32]指研究在 $m$ 台机器上 $n$ 个工件的流水加工过程,每个工件在各机器上加工顺序相同,同时约定每个工件在每台机器上只加工一次,每台机器一次在某一时刻只能够加工一个工件,各工件在各机器上所需的加工时间

和准备时间已知,要求得到某调度方案使得某项指标最优。

⑥混合 Flow shop 调度问题[33]指 $n$ 个工件在流水线上进行 $m$ 个阶段的加工,每一阶段至少有一台机器且至少有一个阶段存在多台机器,并且同一阶段上各机器的处理性能相同。在每一阶段各工件均要完成一道工序,各工件的每道工序可以在相应阶段上的任意一台机器上加工。已知工件各道工序的处理时间,要求确定所有工件的排序以及每一阶段上机器的分配情况,使得调度指标最小。

⑦柔性 Job shop 调度问题[34]指在某些加工阶段具有备选机器的单件车间加工环境,工件按给定的加工工序顺序进行加工,且每一工序只能选择备选机器之一进行加工。

(2)按照是否考虑不确定因素可分为确定性调度[35]和不确定性调度[36]。确定性调度指工件的加工时间和所有其他参数都是已知的和确定的。不确定性调度是指工件的加工时间、到达时间、交付期等参数至少有一个是不确定的,只知道它们的概率分布,或机器是随机发生故障的。

按照作业加工特点可分为静态调度[37]和动态调度[38]。静态调度是指所有待安排加工的工件均处于待加工状态,因而进行一次调度后,各工件的加工被确定,在以后的加工过程中就不再改变。动态调度是相对静态调度而言的,它强调实时性、在线性和调整性。动态调度是指工件依次进入待加工状态,各种工件不断进入系统接受加工,同时完成加工的工件又不断离开,还要考虑工件环境中不断出现的动态扰动,如工件的加工超时、设备的损坏等。

## 1.2.2　钢铁生产调度方法研究现状

在炼钢—连铸整个生产过程中,钢水温度、钢水成分和加工时间是系统运行的关键参数。市场对钢材质量越来越高的要求,导致钢水的成分范围越来越窄,而连铸为保证好的铸坯质量及稳定的工艺过程,又对钢水温度提出了更为苛刻的要求。在高效连铸技术的推动下,炼钢—连铸系统运行过程连续化程度日益增加,对生产节奏也提出了更高的要求。钢水温度、钢水成分和加工时间的有效控制,对整个炼钢—连铸生产系统的运行优化将起到至关重要的作用。文献[39]对钢铁企业生产调度方法进行了综述,并将钢铁调度方法分成四类:运筹学方法、人工智能方法、人机交互方法和多智能体方法。其中人工智能方法包括专家系统、智能搜索方法

（含遗传算法 GA、模拟退火 SA、禁忌搜索算法 TS）和约束满足方法等。文献[40]将钢铁生产调度方法归结成三类：数学模型方法、人工智能方法和综合集成方法。本书结合已有文献对钢铁生产调度方法的研究现状，将钢铁生产调度方法归成四类：传统方法、智能方法、人机交互方法和混合方法。

### 1.2.2.1 传统方法

（1）最优化方法。

最优化方法主要包括数学规划（如线性规划、整数规划、动态规划、混合整数线性规划等）、排队论、网络与图论等方法。文献[41]建立了炼钢—连铸生产调度的非线性规划模型，通过转换将其变为线性规划模型，并提出了炼钢—连铸计划排程的三阶段策略，即微排程、粗排程和解除机器冲突。文献[42]对数学规划方法在钢铁生产计划、生产调度、库存优化等方面的应用进行了综述。文献[43]针对复杂的炼钢—连铸生产调度问题提出了一种分解策略，将混合整数线性规划问题分解为各个子问题的线性规划模型，大大降低了求解难度。文献[44]研究了运输能力有限的动态混合流水车间调度问题，建立了数学模型，提出了基于阶段分解的拉格朗日松弛算法进行求解。文献[45]针对炼钢—连铸生产调度问题建立了整数规划模型，采用拉格朗日松弛、动态规划和启发式混合方法进行求解。文献[46]针对炼钢—连铸生产调度问题建立了整数规划模型，对于模型中存在的大量变量和约束，提出了拉格朗日松弛、线性规划和启发式的混合求解方法对模型进行快速求解。文献[47]以炉次总驻留时间最短和浇次准时开浇为优化目标，以炉次连浇为等式约束，建立了该问题的 0-1 型混合整数非线性模型，提出一种拉格朗日松弛水平算法。文献[48]对炼钢—连铸生产计划和调度问题建立混合整数规划模型，采用 CPLEX 求解。文献[49]对炼钢—连铸生产计划中炉次排序问题，以中间板坯费用损失和替换中间包费用损失总和最小为目标，建立了混合整数规划模型，并采用 CPLEX 求解。

（2）启发式方法。

启发式方法是一种近乎依靠经验和直觉的寻求合理解答的方法，基于对特定问题特点的理解，通过一定的搜索规则缩小求解空间，能够快速求解问题。在深刻认识到调度问题的内在复杂性以后，启发式方法几乎成为一般复杂调度问题求解唯一可取的方法。1977 年，文献[21]总结了 113 个启发式调度规则，将其分为简

单优先规则、复合优先规则、优先权规则与启发式规则。文献[50]采用了
Auction - based 结合启发式方法对 HFS 炼钢—连铸静态调度问题进行了求解,得
到了较好的结果。文献[51]研究了炼钢—连铸生产调度问题的模型和算法,提出
了四阶段的启发式方法,即调度连铸机上的浇次、将炉次分配到转炉和精炼炉、对
转炉和精炼炉上的炉次进行排序、确定炉次在设备上的具体作业时间。文献[52]
以资产利用率、在制品库存和准时发货为目标,建立了钢铁生产调度混合整数规划
模型,采用两阶段启发式方法进行求解。文献[53]对炼钢—连铸生产起着重要作
用的多台天车调度问题,建立了 0 - 1 整数规划模型,采用宽度优先搜索和深度优
先搜索的混合启发式方法在有限时间内进行快速求解。文献[54]采用对钢铁生
产调度中的多目标进行加权处理,采用两阶段的启发式算法进行求解。文献[55]
对钢铁生产中的大规模热轧批量调度问题进行了研究。文献[56]对钢铁生产中
的厚板热轧调度提出了两阶段启发式方法。文献[57]对钢铁生产中的无等待
Flow shop 调度问题,采用最短处理时间规则进行问题求解。

(3)系统仿真方法。

由于制造系统的复杂性,很难用一个精确的解析模型来进行描述和分析,而通
过运行仿真模型来收集数据,则能对实际系统进行性能、状态等方面的分析,从而
能对系统采用合适的控制调度方法。文献[58]构建了智能仿真模型来对钢铁生
产中的调度策略进行研究,其中包括事件产生器和专家系统。文献[59]为解决炼
钢—连铸生产计划制订的可执行性与调度过程的时间不确定性影响问题,建立了
一种计划调度一体化的仿真优化模型。文献[60]讨论了基于 Witness 仿真软件对
炼钢—连铸动态调度系统仿真时的关键问题,即工艺路径设置、断浇修复技术、动
态扰动设置和调度结果可视化。文献[61]采用 Agent 技术设计了板坯库的仿真物
流对象,定义了仿真事件和仿真逻辑,提出了循环仿真的方法,通过原始仿真模型
和改进仿真模型的循环转换和多挡模糊评判寻求天车作业的优化解。文献[62]
采用 Petri 网建立天车调度模型,对系统 Petri 网模型进行静态和动态分析,以有效
指导天车调度系统 UML 语言建模。文献[63]采用面向对象的仿真软件 EM -
Plant 建立了问题的仿真模型,基于 EM - Plant 内置遗传算法优化模块对建立的模
型进行优化求解。文献[64]建立了能反映天车实际工作环境运行特征的仿真模
型,用可变的天车任务优先级来解决天车运行过程中空间约束导致的多机、多任务

冲突。文献[65]通过对一定工艺流程布局下的炼钢—连铸工厂进行建模,在计算机中模拟其生产过程,识别出其中的物流瓶颈和关键路径。文献[66]基于 EM – Plant 物流仿真平台建立了从高炉炼铁车间到转炉炼钢车间的铁水物流仿真模型。

**1.2.2.2　智能方法**

(1)专家系统。

调度专家系统通常将领域知识和现场的工艺约束表示成知识库,然后按照现场实际情况从知识库中产生调度方案,并能对意外情况采取相应的对策。专家系统在钢铁生产调度研究中占有重要地位,目前已有一些比较成熟的调度专家系统,如 ISIS[67]和 OPIS[68]等。在日本 IBM 公司和日本钢管京滨钢铁厂使用的人工智能技术和人机交互技术于 1988 年开发了协同生产调度计划系统 Scheplan[69]。奥地利 Linz 钢铁厂开发的协同生产调度计划专家系统 VAISchedex[70]等都已用于生产,成为实时生产管理系统中最重要的系统。文献[71]采用专家系统对连铸操作延迟时间进行预测。文献[72]介绍了自主研发的炼钢—连铸智能调度管理系统的体系结构、设计方法及功能。文献[73]通过混合知识表示形成知识网络,构建树状层次结构实现知识库模块化管理,运用推理机实现动态调度策略实时推理,加强了系统的柔性和知识的重用性。文献[74]综合了典型的调度规则,通过具有多年实际调度经验的专家控制方案对炼钢生产调度进行管理与相关数据的分析。

(2)神经网络方法。

Hopfield 神经网络模型的提出为求解各种有约束的优化问题开辟了一条新途径。神经网络应用于调度问题已有十多年的历史。文献[75]提出了一种新的自适应神经网络与启发式算法相结合的混合算法,用于解决工件的调度问题。文献[76]提出一种将免疫遗传算法与 BP 网络相结合来优化冷轧机组负荷分配的新方法。文献[77]根据混合流水车间存在并行机器的调度问题,采用神经网络模型和算法解决动态混合流水车间调度问题。文献[78]对不确定机器故障的炼钢—连铸生产调度问题进行了研究,建立了基于混合整数规划模型的系统性能分布曲线来进行鲁棒性预调度,采用人工神经网络进行精确模型设计。

(3)智能搜索方法。

模拟退火算法(SA)将组合优化问题与统计力学中的热平衡问题类比,另辟了求解组合优化问题的新途径。它通过模拟退火过程,可找到全局(或近似)最优解。文献[79]给出了一种使用模拟退火算法求解一类多机、多工序、最小完工时间并行调度问题的方案,并详细地讨论了该方案涉及的各种问题。文献[80]建立了特殊生产工艺约束下热轧调度问题的非对称旅行商问题的数学模型,采用小生境模拟退火算法求解该模型。文献[81]提出了一种炼钢—连铸生产计划一体化编制方法,通过建立炉次计划和浇次计划的数学模型,分别采用多目标模拟退火法和变邻域搜索算法求解炉次和浇次计划问题。文献[82]针对加热炉调度模型少有考虑混装模式下加热炉调度优化的不足,建立了连铸—热轧混装一体化模式下的加热炉生产调度优化模型,并提出了基于贪婪算法和模拟退火算法的两阶段求解方法。

禁忌搜索是一种迭代方法,它开始于一个初始可行解 $S$,然后移动到邻域 $N(S)$ 中最好的解 $S'$,即 $S'$ 对于目标函数 $F(S)$ 在邻域 $N(S)$ 中是最优的。然后,从新的开始点重复此法。为了避免死循环,禁忌搜索把最近进行的 $T$ 个移动放在禁忌表中,在当前迭代中这些移动是被禁止的,在一定数目的迭代之后它们又被释放出来。文献[83]提出了一种启发式禁忌搜索算法,解决了热轧车间的调度问题。文献[84]提出了钢铁彩涂重调度匹配模型,采用禁忌搜索算法进行求解。文献[85]对热轧生产调度问题建立了混合整数规划模型,采用禁忌搜索算法求得近优解,并提出了三种加速策略加快禁忌搜索过程。文献[86]将连铸—连轧工序视为混合流水调度问题,采用禁忌搜索启发式算法对其进行求解。文献[87]对连续热镀锌生产线调度建立了混合整数规划模型,采用禁忌搜索算法进行求解,并采用强化搜索、多样化搜索重链接提高搜索效率。文献[88]针对酸轧生产调度问题建立了以最小化过渡费用和调度单元剩余容量惩罚费用为目标的整数规划模型,提出了一种嵌入强化 Dynasearch 算法的禁忌搜索混合算法。

遗传算法(Genetic Algorithm)是一种基于进化论优胜劣汰、自然选择、适者生存和物种遗传思想的随机优化搜索算法,通过群体的进化来进行全局性优化搜索。它以很强的并行性和很高的计算效率正日益受到人们的关注。遗传算法解决问题的优势在于它可以随机地从一个解跳到另一个解,从而可以解决其他方法易于使解陷入局部最优的问题。此外,它还具有计算速度快且易与其他算法相结合的优点,非常适合于解决动态调度问题。文献[89]为提高热装批量计划的调度可行性,构建一种集成批量计划类型及部分调度约束的批量计划约束满足模型,并采用显性基因约束遗传算法进行优化求解。文献[90]将板坯倒垛问题描述为整数规划模型,并采用改进遗传算法进行求解。文献[91]针对宝钢宜昌薄板公司罩式退火炉生产调度问题,采用了具有参数动态调节功能的改进遗传算法,将离散事件仿真技术与遗传算法相结合,提出了优化调度方法。文献[92]针对圆钢的热轧批量调度问题,建立了多目标的整数规划模型,并提出改进的带精英策略的快速非支配排序算法对模型进行求解。文献[93]以断浇损失、等待时间、提前/拖期惩罚费用总和最小为目标,建立了炼钢—连铸生产调度的整数规划模型,采用遗传算法进行求解。文献[94]针对炼钢—连铸生产调度计划的可执行性要求,考虑到生产中的设备选择及作业时间的不确定性问题,提出一种利用任务可执行设备的加工权重赋值方法来量化描述现实生产中加工设备间的匹配关系,并以设备选择优先级策略的形式引入遗传算法的交叉、变异过程,按照生成可行解再进行种群优化的分步决策方式形成混合遗传算法。

蚁群算法(Ant Colony Algorithm,ACA)是由意大利学者 Colomi 等人[95]在 20 世纪 90 年代受到真实蚁群的觅食机制的启发而提出的一种新的进化计算方法。文献[96]将钢铁合同计划问题抽象成一种改进的旅行商问题,建立了以产能平衡和最小化拖期提前总惩罚为目标的多目标数学规划模型,根据模型和问题的特点设计了带有交货期启发信息的蚁群算法。文献[97]对相同宽度板坯的连续轧制长度、相邻板坯的温度跳跃等新因素对热轧生产调度的影响进行了研究,采用一种混合策略对这类复杂生产调度进行近似求解。文献[98]针对冷轧薄板生产过程单纯根据合同流向组织生产会造成合同在各物流流向中分配不均,以及机组定修和突发故障等情况造成的部分流向生产停滞等问题,建立了基于部分重构的冷轧生产过程混杂 Petri 网生产调度模型。利用提出的有限搜索蚁群算法,实现合同生产过程的再规划与动态调度。文献[99]采用基于 Pareto 支配的多目标优化算法来解决热轧生产调度中的多目标奖金收集车辆路径问题模型,即采用 Pareto 最大 - 最小蚁群系统最小化相邻板坯的跳跃,同时最大化奖金收集。文献[100]针对目前冷轧薄板厂生产流程复杂、大量的多品种小批量合同并线生产,导致难以制订生产计划的问题,提出了混合模型子空间聚类方法,利用提出的时间段蚁群算法制订合同计划。

粒子群算法(Particle Swarm Optimization,PSO,也称为微粒群算法)是由美国的

Kennedy 博士和 Eberhart 博士[101]在 1995 年提出的一种基于鸟群智能的优化算法,其思想来源于人工生命和演化计算理论。PSO 的优势在于算法的简洁性,易于实现,没有很多参数需要调整,且不需要梯度信息。文献[102]针对冷轧薄板生产线机组设备多、产品种类多的特点,将生产合同按产品种类和交货期组批处理,建立了具有模糊处理时间的 Jobshop 调度模型来描述整个生产物流情况,给出了一种多子种群并行粒子群算法。文献[103]以某钢厂轧辊热处理调度问题为实际背景,建立了整数规划数学模型,设计了分阶段实现的调度算法,将该算法与离散粒子群算法相结合对所建模型进行求解。文献[104]针对钢铁企业组浇次计划问题,提出了一种基于序列倒置的改进离散粒子群优化算法。文献[105]将炼钢—连铸—热轧调度归结为混合 Flow shop 问题进行研究,提出了粒子群优化算法进行求解,并采用变邻域搜索、模糊局部搜索和三层种群更新方法来提高粒子群算法的搜索效率。文献[106]将热轧退火调度归结为一类无等待的混合 Flow shop 问题,建立了整数规划模型,采用离散粒子群优化算法进行求解。文献[107]研究了炼钢—连铸生产的不确定调度问题,提出了一种基于两层方法的软件决策系统来解决不确定性调度,采用粒子群优化算法处理关键事件的调度。

(4)基于 Multi – agent 的调度方法。

近几年来,多智能体技术在制造领域的研究逐渐扩大,涉及应链、全能制造系统、机器人、生产过程计划、工艺规划、调度与控制等方面。文献[108]针对钢铁生产动态环境,提出了热卷轧和连铸集成动态调度的 Multi – agent 结构。对于每道工序都设计一个独立 Agent,再通过管理 Agent 来协调其他单元,得到全局可行的调度。文献[109]、[110]将多代理机用于轧钢和浇铸集成调度,提出了多智能体结构,这些智能体用于优化钢铁生产中不同的工序调度,同时达到系统整体的目标。文献[111]针对连铸—热轧过程的生产调度问题,建立了整个连铸—热轧一体化生产调度过程多智能体系统模型,该模型由六个智能体组成,讨论了多智能体模型各智能体的机能、任务以及各智能体之间的协同工作问题。文献[112]针对现有的面向 Agent 建模方法在统一性、灵活性、交互能力、逻辑验证能力等方面存在很多不足,引入对象过程/多智能体系统(OPM/MAS)的建模方法,用图形和自然语言共同表达复杂系统的抽象概念。

### 1.2.2.3　人机交互方法

随着调度理论与实践的不断结合,基于人机交互的方法逐步得到重视。文献

[113]对热轧生产调度建立了整数规划模型,提出了解决方法,开发了人机交互系统。文献[114]采用基于 Gantt 图的人机交互方法对炼钢—连铸生产静态调度计划进行快速调整。文献[115]为了解决炼钢—连铸生产动态调度中调度约束繁杂、多变的问题,分析了炼钢—连铸动态调度约束集,提出了约束联动的方法来实现快速的人机交互动态调度,并在此基础上建立了约束联动的动态调度数学模型和调度算法。

### 1.2.2.4 多种方法组合

钢铁生产过程中的许多调度问题都是组合优化问题,多数问题都可以采用经典的优化方法进行建模,但由于钢铁调度问题的复杂性,所建立的模型多数是混合非线性规划模型,采用传统的优化方法难以进行求解。因此,人们开始尝试采用多种组合方法对调度问题进行求解。

(1)基于不同类智能方法结合的调度方法。

文献[116]针对并行机调度,提出了一种以遗传算法与模拟退火相结合的方法。文献[117]提出一个约束满足自适应神经网络与启发式算法相结合来解决通常的 Job – shop 调度问题。神经网络用于获得可行解,启发式算法被用来提高神经网络的性能和解的质量。文献[118]针对无缝钢管生产的冷处理生产调度问题建立了混合整数规划模型,采用改进遗传算法和局部搜索的两阶段启发式算法进行求解。文献[119]针对热轧生产调度问题建立了整数规划模型,将模型分解为两个调度子问题,即从合同候选池中选择一批合同计划,然后对这些选出的合同计划确定一个优化的轧制顺序,并采用基于遗传算法和极值优化算法的混合进化算法求解。文献[120]针对炼钢—连铸生产调度多阶段、多并行机、多约束的特点,提出一种约束满足技术与遗传优化相结合的混合算法,从问题分割、解的可行性和解的较优性三个层面进行算法设计。文献[121]针对炼钢—连铸生产多缓冲、多约束的特点,基于浇次调度提出一种混合启发式规则与文化基因算法的调度方法。文献[122]对一类复杂的钢厂板坯库的天车调度问题进行了研究,建立了该问题的整数规划模型。首先采用遗传算法求解得到问题松弛之后的解,然后通过基于规则的算法对松弛解进行更新获得问题的可行解。

(2)基于最优化方法与智能方法结合的调度方法。

文献[123]选择一内嵌结构建立智能仿真模型来评价钢厂的调度策略,提出一个通过仿真机制控制事件发生器和专家系统的框架。文献[124]以拖期最小惩罚费用和库存成本最小等为目标建立了钢板订单计划多目标模型,通过加权的方法将多目标转化为单目标,再采用粒子群算法对所建模型进行了求解。文献[125]针对连铸连轧和冷装热轧并存环境下的炼钢—连铸生产调度问题,建立了基于浇次开浇时间的炉次指派和作业排序模型,提出了基于遗传算法和线性规划的实用算法。文献[126]根据无缝钢管厂生产特点,建立了无缝钢管生产调度混合整数规划模型,采用改进的遗传算法对模型进行求解。该模型和算法经上海某无缝钢管厂的调度决策支持系统验证了其有效性。文献[127]将炼钢—连铸生产过程抽象为混合流水车间,建立了 0 - 1 型混合整数线性规划调度模型,提出了将 GA 与 LP 结合的两阶段遗传算法。

（3）基于人机交互与智能方法结合的调度方法。

文献[128]以钢铁生产为背景,描述一个交互式的资源调度专家系统。专家系统处理没有满足规范调度的生产运行信息,采用分级系统执行监控生产设备。文献[129]应用多目标遗传算法检验批调度问题,采用交互的方式允许人参与优化过程,包括改变参数的优先权,允许多目标遗传算法关于批规模和任务分配的决策。文献[130]分析了炼钢—连铸生产管理特点,给出分布式在线生产调度系统的总体结构,并描述了专家系统、启发式算法和人机交互相结合的生产调度计划集成化编制方法。文献[131]针对现有炼钢—连铸生产调度方法的不足,提出一种新的多阶段人机协同调度方法。

（4）基于最优化方法与人机交互结合的调度方法。

文献[132]提出一个交互的调度方法允许决策者改变工件的相对优先权,来解决资源约束调度问题。

（5）基于启发式方法与智能方法结合的调度方法。

文献[133]针对以最小化最大完工时间为目标的无等待柔性流水车间调度问题,提出了一种混合粒子群算法解决机器分配问题,利用改进的算法确定工件加工顺序,并首次提出差值平移算法计算问题目标值。在算法求解过程中,通过不断对停滞粒子实行变异操作,避免粒子群陷入早熟收敛状态。文献[134]针对连铸与热轧的一体化调度问题,以最大化热轧炉次数为目标建立了热送热装方式或直接热送热装方式下的调度模型,将该模型分解为一个主问题和一个约束规划子问题进行求解。文献[94]提出一种利用任务可执行设备的加工权重赋值方法来量化描述炼钢—连铸生产加工设备间的匹配关系,并以设备选择优先级策略的形式引入遗传算法的交叉、变异过程,按照生成可行解再进行种群优化的分步决策方式形成混合遗传算法。文献[135]针对可控处理时间的炼钢—连铸生产调度问题,以等待时间、提前/拖期和调整成本最小为目标建立了混合整数规划模型,将模型分解为最后一个阶段的并行机调度子问题和连铸上游工序的混合 Flow shop 调度子问题,分别采用变邻域分解搜索的混合差分进化计算算法和迭代反向列表调度算法求解。

# 1.3  炼钢—连铸过程生产设备重调度方法的研究现状

## 1.3.1  重调度方法分类

炼钢—连铸过程会动态随机出现扰动事件,如炉次在设备上因延时不能按时开工,加工过程中(或加工结束)出现质量不合格(温度或成分不满足工艺要求),某一设备发生故障,紧急炉次需要排入等。这些扰动事件的发生,会破坏原调度计划中的约束条件或假设条件,导致原调度计划不可行,需要对原调度计划进行调整或重新生成新的调度计划,称为炼钢—连铸动态调度或重调度。

炼钢—连铸生产设备重调度与静态调度的初始条件对比如图 1.3 所示,CF 表示转炉,RH 和 LF 表示不同类型的精炼炉,CC 为连铸机(该设备为生产的瓶颈设备,需要将不同的炉次连续加工),重调度存在如下难点。

(1)炉次的加工状态出现"未加工""在加工"和"已完成"的区分,重调度建模要考虑炉次的加工状态,因此构建重调度模型比建立静态调度模型更加困难。例如,炉次加工顺序约束方程的建立,需要根据同一炉次前、后两相邻阶段在设备上的加工状态,建立三个不同情况下炉次加工顺序约束方程。

(2)炉次在转炉、精炼炉和连铸机上已经开始加工,因此重调度要考虑每个设备可用时间的初值,静态调度不用考虑此约束。设备可用时间初值的存在,导致重调度解的可行域缩小,使编制调度计划出现相邻炉次断浇的可能性大大增加,设计高效、高质量的重调度优化算法更加困难。

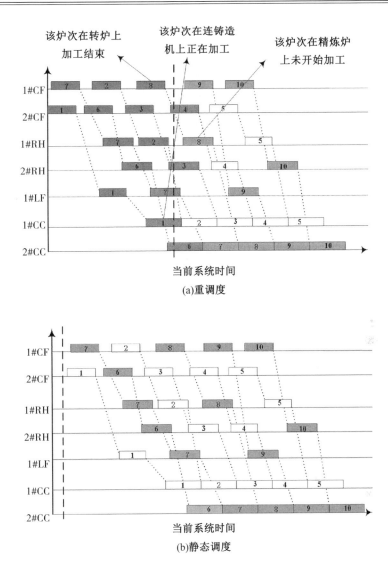

图 1.3　重调度与静态调度的初始条件对比

在调度计划的执行过程中,当没有出现扰动情况时,系统是按照静态调度计划运行,而当出现扰动情况导致静态调度计划性能下降或静态调度计划不可行时,则需要根据扰动情况对静态调度计划进行重新调整,以追求调度计划有效的执行,此过程即为重调度[136]。目前对于扰动发生时的重调度方法主要分为两类[137-141]:预测-反应式调度和鲁棒/主动式调度。

（1）预测－反应式调度。

预测－反应式调度调度方法在制造系统中广泛应用，首先利用各种信息提前产生一个预测性的初始生产调度计划，下发到车间指导生产。在调度计划执行过程中，当出现扰动情况时，即对初始生产调度计划进行调整，以保证生产顺畅进行[142-144]。预测—反应式调度本质上是一个调度和重调度的过程。

①在预测－反应式调度中的一种重调度方法是完全反应式重调度，即不考虑剩余未生产调度计划在初始调度计划中的情况（包括任务的加工设备和作业时间），完全重新进行安排[145-149]。为了防止扰动出现后重调度结果与初始调度计划偏差过大而导致生产调整过大，从而影响整个生产的稳定、顺畅进行，因此，基于调度计划性能指标和稳定性指标的完全反应式重调度方法得以被研究[150-155]。

②在预测－反应式调度中的另一种重调度方法是修复式重调度，主要目的是能够在扰动情况发生时对初始调度计划快速进行重调度，这种重调度方法最流行的是右移式重调度[156]。

③局部重调度。完全反应式重调度因为不考虑剩余未生产调度计划在初始调度计划中的情况，容易使得重调度结果与初始调度计划偏差过大而影响整个生产的稳定性，而修复式重调度虽然调整速度快但重调度结果优化性较差。完全反应式重调度和修复式重调度的共同之处都是对所有的剩余未生产调度计划进行重调度，其调整范围过大，为此出现了局部重调度。局部重调度的主要思想是对剩余未生产调度计划的部分调度计划进行调整，在重调度性能和调度稳定性方面均有很大改进。现有的局部重调度方法主要包括受影响操作的局部重调度[157,158]和匹配重调度[159-161]。

（2）鲁棒/主动式调度。

鲁棒/主动式调度主要指在动态环境下建立满足预测性能指标的一个预测调度计划[137-139]，该方法的主要难点在于如何建立满足动态环境的预测性能指标[162]。

## 1.3.2　国外研究现状

文献[150]指出在生产过程中实时信息可以通过过程控制计算机或者监控系统获得，但目前大多数的调度模型没有利用这些对调度决策起到重要作用的实时信息；因此，研究人员建立了使用实时信息的一个通用框架来有效提高调度决策水平，建立了基于目标值变化的有效性指标、基于开工时间偏差和完工时间偏差的稳定性指标来评价调度计划的改变情况，并基于上述指标提出了重调度和调度修复，最后对 $n/1/\bar{C}$ 重调度问题进行了仿真研究。文献[163]提出了一个由任务、推理和领域知识三部分模块组成的知识模型用于管理炼钢生产过程中的扰动问题，其中知识获取是从炼钢—连铸生产中的十多种常用扰动类型中得到，在此基础上提出了一个具有建设性的调整技术架构，但是该文主要研究了管理扰动的知识模型，并未涉及具体的重调度问题建模和调度方法的研究。

Dorn 等针对炼钢—连铸/模注生产线和炼钢—连铸生产线的重调度问题进行了研究，采用的重调度方法为预测—反应式调度。当扰动事件发生后，导致预调度计划违反某些约束时，采用禁忌搜索方法[164]或者案例推理[165]产生满足约束、鲁棒性较好的重调度计划。在基于禁忌搜索的反应式调度过程中，为了避免很小的调度计划偏差导致频繁的修改调度计划，设定了两个阈值：第一个阈值用来判断是否需要对调度计划进行查询评价；第二个阈值用来判断调度计划改变程度，决定是否需要启动修复过程。基于案例推理的反应式调度对案例推理系统的结构进行了描述，包括案例获取、案例调整、案例评价、案例库、案例修复和推理失败解释等。基于案例推理能够处理的扰动事件包括运输问题、设备故障、加工延迟、新合同插入、产品不合格等。文献[166]、[167]研究了处理时间不确定性下的基于稳定性的连铸生产重调度问题。基于钢级差异损失、平板宽度和厚度变化差异损失、交货期差异损失及断浇和等待损失建立了有效性指标，基于炉次开工时间偏差和完工时间偏差建立了稳定性指标。重调度策略决定当扰动发生时剩余炉次是否进行调整，对重调度问题采用遗传算法进行求解。文献[168]针对运输过程中钢水温度下降的炼钢—连铸生产重调度问题进行了研究，建立了调度智能体，并采用蚁群算法和钢水温度计算模型对精炼工序的钢水温度进行预测。当预测温度和目标温度出现偏差时，则进行重调度，来改变钢水在工序上的作业时间。文献[169]研究了基于知识的炼钢—连铸生产动态调度方法，对算法各部分功能进行了详细描述，包括调度引擎、错误检查规则、策略规则、处理规则、操作员干预规则、完成准则规则等。

文献[110]研究了连铸—热轧动态调度方法，采用智能体方法建立了一体化动态调度系统，并针对扰动发生引起调度计划的变化，提出了对调度计划变化程度进行量化的评价模型:效用性评价模型、稳定性评价模型和鲁棒性评价模型,还详细描述了连铸智能体的重调度策略[170]和热轧智能体的重调度策略[108]。文献[171]、[172]将上述研究的模糊集理论和禁忌搜索方法应用到连铸—热轧生产协同调度问题的研究,对连铸生产的约束和热轧生产的约束进行了详细的描述,并对连铸和热轧生产之间协同进行了分析。研究人员采用模糊约束表达和基于禁忌搜索的迭代改进产生初始调度计划,并根据模糊集来判断是否进行重调度。文献[173]对热轧生产过程中由于原料到达延迟、机器故障、质量问题等引起的重调度问题进行了研究,采用约束满足方法进行重调度。研究人员首先用变量排序算法来选择需要重调度的工件,然后通过值排序算法来确定工件的加工时间,并基于约束满足方法开发了实现热轧生产重调度的调度专家系统 ROSE,详细描述了知识表达和推理机制、约束松弛、交互式调度。

## 1.3.3　国内研究现状

近几年来,随着国内炼钢厂管理信息化建设的加快,炼钢—连铸生产重调度的问题引起了国内专家和学者的重视。文献[174]对现代炼钢—连铸生产动态环境下的扰动对车间生产的影响进行了研究,将实时扰动事件分为外部扰动和内部扰动,并将对扰动事件的基本修复方法分为插入空闲时间、插入调整时间、插入操作和删除操作四种。通过上述修复方法的组合可以实现对各种扰动事件的修复。研究人员给出了机器故障时的修复策略,并提出了机器故障时保证修复策略能够得到可行调度解的条件,并给出了证明。李铁克等人将三台转炉、三台精炼炉和两台连铸机组成的炼钢—连铸生产调度抽象为三阶段 HFS,采用约束满足方法分别对设备故障重调度问题[175-177]和质量扰动下的重调度问题[178]进行了求解,并采用效用函数和稳定性[150]对重调度结果进行评判。文献[179]将炼钢—连铸调度抽象为多阶段 HFS 问题,建立连铸机故障下的炼钢—连铸重调度模型,采用约束满足的算法进行求解。文献[180]针对机器故障和处理时间可变情况下的炼钢—连铸生产重调度问题进行了研究,以完成时间和总逗留时间加权之和最小为重调度有效性指标,以初始调度计划和调整后的计划中改变加工设备的炉次数最小为稳定性指标,建立了重调度混合整数规划模型。采用拉格朗日松弛方法对机器能力进行松弛,将调度问题变为处理时间可变的炉次批量调度子问题,采用多项式二阶段动态规划算法对调度子问题进行求解。并采用具有全局收敛性的次梯度算法对拉格朗日松弛对偶问题求解。另外,将柔性处理时间的炼钢—连铸生产重调度问题归结为混合 Flow shop 重调度问题[181],采用果蝇优化算法进行求解。

文献[182]、[183]对由五台转炉、四台 LF 精炼炉、两台 RH 精炼炉和四台连铸机组成的炼钢—连铸生产线上的重调度问题进行了研究。在扰动发生后,根据炉次是否进入加工状态进行分类:对于已进入加工状态的炉次,采用正向时间并行顺推和调度规则的启发式方法进行求解;对未进入加工状态的炉次,采用反向时间并行倒推和遗传算法组成的混合优化方法进行求解。该方法是一种实际可行的重调度方法,但是在确定炉次在设备上开工时间时,仅考虑同一设备上两相邻炉次不能产生作业冲突约束,未考虑炉次在不同设备之间等待时间要尽量小的问题(减少温降)。另外,根据扰动种类和级别的不同,需要研究不同扰动下的重调度方法。文献[184]针对炼钢—连铸生产调度计划在执行过程中,在发生不确定事件导致调度计划不可行时,对已有工件和新工件的设备指派、加工排序和作业时间确定的重调度优化进行了研究,建立了考虑实际生产工艺约束和动态特征的混合整数模型。为了对调度问题进行求解,研究人员提出了一种改进差分进化算法,采用实数编码矩阵表示种群的个体以改进算法的效率和有效性,使用增量机制来产生初始解。文献[107]针对炼钢—连铸生产调度计划在执行过程中,在发生不确定事件导致调度计划不可行时,为了提供更加灵活的调整方式,对每个工件在每个工序的加工设备和开工时间采用基于两层结构的软件调度方法,其中上层为离线优化层,主要处理关键事件,并采用粒子群优化算法来产生软件调度决策方案;底层为在线调度层,用于处理非关键事件,主要根据上层优化结果来确定当设备可用时哪个炉次在什么时间进行加工。

文献[185]针对由三台转炉、两台 RH 精炼炉、一台 LF 精炼炉和三台连铸机组成的炼钢—连铸生产线,研究了转炉出钢温度扰动事件下的重调度,提出了基于规则与模型的动态调度方法;采用调度规则进行快速有效的设备调整(增加新的精炼工序),尽可能保证连铸机的连浇,采用线性规划对后续炉次生产时间进行求解。但是,该文给出的线性模型是静态调度的模型,未考虑炉次的加工状态;另外,文中炉次升温设备只有一台 LF 精炼炉,而实际的复杂炼钢—连铸生产调度过程中,升温设备有多台(如两台 LF 精炼炉和一台 IR_UT 精炼炉)。怎样有效地选择升温设备,则需要研究新的重调度方法。文献[115]为了解决炼钢—连铸生产动态调度中调度约束繁杂、多变的问题,分析了炼钢—连铸动态调度约束集,提出了基于约束联动的方法来实现快速的人机交互动态调度,并在此基础上建立了约束联动的动态调度数学模型和调度算法,仿真实例说明了约束联动动态调度方法的有效性。文献[186]、[187]通过分析炼钢生产过程中的扰动,提出了基于扰动处理的冶铸轧一体化生产下动态调度策略。将动态调度策略归结为计划延迟和 LF 精炼炉处理策略、钢种改判、钢水回炉以及产品问题处理策略、设备替换处理策略,并基于三类处理策略分别介绍了处理方法,最后对实际生产中常见的"追加计划"进行了仿真;该文中涉及炼钢—连铸动态调度部分,采用了启发式规则和线性规划的方法,线性规划模型是静态调度的模型,未考虑炉次的加工状态,但文中未给出设备故障、时间大扰动的情况下具体的重调度方法。

# 1.4　炼钢—连铸过程运输设备调度方法的研究现状

## 1.4.1　天车调度研究现状

在炼钢—连铸生产设备调度后,需要进行运输设备调度,选配天车运输钢包的路径和作业的开始/结束时间。

国外早期天车调度研究主要集中在码头集装箱的调度问题[188-191],主要思想是将天车调度问题简化为如何将工作分批次分配给天车从而解除天车间的空间冲突问题。文献[192]首次在天车调度的研究中考虑天车间的空间约束,运用加权双向图形描述静态模型中的天车调度问题,并用动态规划解决问题。文献[193]建立多起重机仓储系统的天车调度模型,采用局部枚举算法进行了求解。近年来很多学者针对钢厂的钢卷库和板坯库的天车调度问题进行了研究。文献[194]针对钢卷库单台天车调度问题,设计动态规划算法并进行求解。文献[195]将钢卷库两天车调度问题归结并行机调度问题,设计启发式算法并进行求解。文献[196]针对日本 JFE 钢铁厂的板坯库天车调度问题,采用遗传算法和规则推理设计了两阶段的调度方法。文献[197]将钢卷库两天车调度问题归结并行机调度问题,设计遗传算法并进行求解。上述并行机天车调度问题的研究对于其他类型天车调度具有一定的借鉴意义。炼钢—连铸过程中需要在生产设备调度计划约束条件下确保同轨道的两台天车作业不冲突,其天车调度问题更为复杂。文献[64]针对炼钢厂天车调度问题,提出了融入了免疫遗传算法的元胞自动机仿真模型。文献[198]建立了一种时空约束下基于规则演化的仿真模型,针对某炼钢厂炼钢—连铸生产作业计划进行了离线模拟测试。文献[199]提出了一种基于优先级的天车作业调度规则,包含了天车运行前的起吊任务分配规则、运行中的冲突消解规则和运行后的任务结束规则三部分,并建立了某钢厂天车调度仿真模型。文献[200]针对炼钢厂天车调度问题,结合遗传算法和邻域搜索技术,提出了一种 Memetic 元启发式算法。文献[201]针对炼钢厂天车调度问题,提出了遗传算法和仿真模型混合优化求解方法。该方法针对炼钢厂天车调度问题进行了探索,炼钢—连铸的运输对象是高温钢水,对温降有严格的要求,因此采用群体智能方法难以满足该过程的实时性要求,启发式方法或调度规则是解决炼钢—连铸过程天车调度问题的有效方法。

上述文献对开展考虑生产设备调度计划约束的运输设备钢包和天车调度问题的研究具有积极的指导意义,但这些研究没有提出解决实际钢包、天车运输设备调度问题的方法,考虑的因素不全面(譬如天车空间位置关系、同轨道两天车最小距离限制),没有根据钢厂车间运输设备调度的特点,综合考虑影响运输设备调度的各个因素,建立基于实际炼钢厂车间的运输设备调度模型。

## 1.4.2　钢包调度算法研究现状

### 1.4.2.1　钢包调度算法仿真研究

文献[202]基于规则推理研发了钢包调度软件包,它是国内外研究钢包选配和调度的第一篇文献。随后,文献[203]针对银山型钢炼钢厂生产工艺特点,对钢包在炼钢—精炼—连铸区域周转时间和温度进行了解析,包括钢包在主设备(转炉、精炼炉和连铸机)上的运行时间和温度分析,钢包在空包阶段的其他设备上(翻灌站翻灌,热修、换座砖和烘烤设备)上的运行时间和温度分析,并给出了钢包周转率的计算公式,采用周转率这一指标来限定钢厂在线投入使用钢包的数量,避免人工随意投入使用新包带来的能源浪费。文献[204]针对攀钢集团有限公司炼钢—连铸生产过程的现状,采用网络图建模方法对炼钢—连铸生产调度过程及钢包周转进行了研究,以某天 19 个浇次 121 炉次为输入,制订并优化了含空包转运在内的作业计划。研究结果表明：①每炉次在每个工序前的平均等待时间不到 1 min；②满包转运部分与生产实际相比，转运时间普遍减少 10 min 以上，且时间波动较小；③空包转运时间很稳定，与厂内经验值比较也减少 3 min 以上；④总计投入钢包 21 个，在经验范围的 19～24 个之内，使得在线钢包的使用个数接近经验范围的最小值。但这两篇文献都没有考虑炉次选配钢包时的约束条件，如钢包的材质、水口和使用次数的限定，只考虑钢包在主设备和钢包上的周转时间，这样只能保证钢包准时到转炉接受钢水，但如果忽略材质和水口的约束条件，将会影响到炉次的生产质量。

同时，国内外很早就有学者对天车调度问题展开了研究，其主要思想是将天车调度问题简化为如何将工作分批次分配给天车从而解除天车间的空间冲突问题，并采用图论方法解决该问题，但该方法是以天车每个任务的起始位置和结束位置为判断依据，并不能证明其调度方案的优越性，且方法本身的缺陷使模型规模受到限制。Xie Xie 等人[205]研究了钢铁企业批量退火过程中多台天车作业的调度情况，最终实现完工时间最小化的目标，该研究的目的是通过天车安排有限的机器（罩式退火炉和冷却器）来处理作业，以避免两个相邻天车之间的碰撞，并满足作业无等待约束。为了解决这个问题，他们提出了一个启发式算法，将最早的工作要求和最近的起重机首先结合起来，通过理论分析，表明了所提出的启发式算法的性能。Xie Xie 等人[206]研究了钢铁企业多天车操作调度的特殊情况，考虑到充分利用机器额外的无延迟和无缓冲限制。机械卸载的无延迟约束意味着技术要求固定的加热时间和冷却时间，一旦加热（冷却）完成，罩式退火炉（冷却器）必须立即由天车卸载。机器卸载的无缓冲约束意味着一台机器的卸载时间与下一个作业的起始时间之间的时间间隔与相应的运输时间完全相等。笔者证明这个问题可以在多项式时间内得到最佳解决，其中制订了每个天车运动可能的起始时间和结束时间。Huizhi Ren 和 Jian Tao[207]研究了多机和多任务仓库天车调度问题，考虑到了调度问题中需要避免相邻起重机之间的碰撞，并基于所涉及的运行要求和条件，制订了一个过程模拟模型，通过排练天车操作过程来评估候选天车的时间表，还基于过程模拟开发了一种免疫遗传算法，基于过程模拟的免疫遗传算法通过一组实际数据进行了测试，表明算法对天车调度问题的有效性。Christian Bierwirth 和 Frank Meisel[208]提出了一种解决新天车调度的方法，并评估了模型和算法，介绍了未来研究的潜在方向。Xie Xie 等人[209]考虑到钢铁企业实际仓库运行中常见的多天车调度问题,提出了一种钢卷仓库多台天车调度方法。Maschietto 等人[210]讨论了受到非干扰约束的并行机器调度问题,这种情况经常出现在钢铁企业的物流中心;基于钢卷配送中心使用相同轨道的两台起重机为研究背景,他们提出了一种遗传算法,解决方案差距在 2.1% ~ 10% 之间。Yu 等人[211]提出一种启发式算法来解决钢铁企业仓库运作中常见的多重起重机调度问题。Shuji Kuyama 和 Shinji Tomiyama[212]提出一种解决天车调度的方法。该方法由调度优化和物流仿真两个阶段组成;该方法的第一阶段利用遗传算法,用于大致解决重新排列钢板的柔性调度问题;接下来,通过使用基于规则的启发式算法迭代求出部分解,以获得可行的解决方案,并使用 JFE Steel 的操作数据进行计算实验,对实际和理论的起重机操作进行比较。结果显示,文中提出的方案可以将处理数量减少 30% ,板材的有效运输有助于实现交货时间,从而提高客户的满意度。

但是,这些早期的研究与炼钢—精炼—连铸调度结合较弱,尤其是钢包调度方面。近几年来,在我国大力提倡节能减排、绿色生产的指导下,钢包调度逐步引起学者和钢厂专家们的注意,研究成果也逐渐增加。

谭园园等人[213]将钢包调度问题归结为任务带有时间窗、车辆带有调整时间的车辆路径问题(Vehicle Routing Problem With Time Windows and Adjustment Time,VRPTW-AT);根据钢包服务钢水过程的约束建立了钢包调度问题的数学模型,针对模型特点提出了分散搜索(Scatter Search,SS)算法。肖阳[214]基于 UML 与 Plant Simulation 对钢包周转调度进行了研究,建立了基于 UML 的钢包调度模型,并在分析钢包调度优化问题的数学模型基础上提出了一种仿真结合改进遗传算法的调度优化混合求解方法,最后借助 Plant Simulation 软件实现了模型程序,编制出了科学合理的钢包行走路径调度方案。张燕[215]对炼钢—连铸生产过程钢包优化调度模型与算法进行了研究,将钢包调度问题归结为以最小车辆数为优化目标、任务带有时间窗、车辆带有调整时间的车辆路径问题。根据钢包服务钢水过程的约束建立了钢包调度问题的数学模型,针对模型特点提出了分散搜索算法和随机局域搜索(Stochastic Local Search,SLS)算法,使用 C + + 语言实现了模型及求解算法。基于国内某钢铁企业生产实绩做测试案例,对 SS 算法和 SLS 算法的优化结果与钢厂生产的实际数据进行了对比分析。冯凯等[216]对钢包调度评价方法进行了研究,针对以钢包周转个数为基础的钢包运行评价难以反映实际调度现状的问题,提出一种基于生产计划和钢包待用时间解析的钢包调度现状评价方法。王秀英[217]等对炼钢—连铸生产过程中的生产和钢包协同调度进行了研究。

### 1.4.2.2 钢包调度算法工业应用研究

虽然钢包调度算法多以仿真研究为主,但也有一些调度算法被应用在实际工业生产中。

黄帮福等人[218,219]为优化炼钢厂多台连铸机间钢包配置,以昆钢炼钢厂钢包为研究对象,在已有单浇次钢包周转数量计算模型基础上,进一步分析了浇铸炉次数与钢包周转数、周转次数、最后周转数之间的关系,并以某炼钢厂的钢包为研究对象,简要解析了钢包运行过程及运行时间,分析了钢包周转次数、周转数与浇铸炉次数之间的关系。王秀英[220]在国家高科技发展计划"863 计划"资助项目"钢铁工业 MES 关键技术(EMS-EAM-IPS)研究与示范应用(2004AA412010)"的支撑下,以具有三台转炉、七台精炼炉、三台连铸机的三重精炼方式的某大型钢铁企业炼钢—连铸生产线为背景,开展炼钢—连铸混合优化调度方法及应用研究,在分析人工选配钢包应考虑的因素(钢包材质、包龄、温度、水口等)基础上,建立了钢包选配的约束条件和目标,分析了钢包选配难以精确建模的原因,指出了现行人工调度及人工选配钢包存在的问题,提出了由基于动态规划的设备指派和基于线性规划冲突解消组成的优化调度算法,并进行了工业应用。

## 1.4.3 钢包调度软件研究现状

王中毅[221]对行车及铁钢包调度系统在炼钢厂的应用进行了研究,介绍行车及铁钢包调度系统的软硬件结构、系统方案及典型技术内容,说明该系统在钢铁行业炼钢领域的应用意义及价值。陈培等人[222]研究了钢包自动定位调度系统,基于钢包定位研究了智能钢包调度系统。刘建等人[223]为改变传统钢包运行维护管理中效率低下、出错率高的现状,基于工业物联网整体构架,将钢包运行维护管理系统分为感知层、网络传输层和智能层三层加以分析改进,并以某大型钢铁企业下设钢轧厂炼钢分厂的钢包管理系统项目为案例,提出了一种动态、及时地跟踪钢包状态的方案。

朱道飞等人[224]针对天车调度任务繁杂及随机性的特点,利用 UML 面向对象建模语言,对天车调度系统进行剖析,并建立系统的需求分析模型、静态模型和动态模型,讨论了天车调度系统各模型实现机制。为弥补 UML 建模语言形式化表达的不足,引入形式化建模工具 Petri 网建立系统的 Petri 网模型,并对系统 Petri 网模型进行静态和动态分析,来有效指导天车调度系统 UML 语言建模。仿真结果表明,建立的钢铁生产天车调度系统能有效模拟天车调度,并减少天车的被动运输,提高天车运行效率3%左右。王生金等人[225]分析了唐山钢铁集团有限责任公司长材部钢包周转的现状,通过跟踪调查钢包周转周期的相关数据,找出了工序耗时优化空间较大的工序。按照精益生产理念,通过精简生产工艺路线、优化生产组织、强化生产管理,促进了各工序协调性,缩短了各工序耗费时间。陈文飞和刘华[226]介绍了梅山钢铁股份有限公司运输调度系统的软、硬件架构体系及其在梅山钢铁股份有限公司 ERP 系统的定位问题,并根据该系统的运行性能指标分析提出了对网络架构的改进设想。内蒙古包钢钢联股份有限公司设备备件供应分公司开发了钢包跟踪管理系统,以期达到对包实时调度和精细化管理的目的[227];包括钢包的调度管理、钢包的计划管理、跟踪管理、维修管理、烘烤管理、使用实绩管理、材质管理等功能,有效地帮助用户提升现场管理水平,减少包信息差错,确保钢包安全使用;便于现场人员对钢包信息的及时把握,减少信息不一致、信息延后等信息传输问题对生产的影响;便于合理安排包计划,优化钢包周转个数;为确保现场生产的顺畅起到积极的促进作用。

蔡峻等[228]开发了钢包一体化管理系统。在对钢包周转过程和钢包管理中常见问题研究的基础上,提出钢包一体化管理的设计思想,构建一体化管理系统的功能结构框架,阐述了钢包跟踪、钢包的配包和钢水温度补偿等主要功能模块,以及系统实现所需的硬件和软件支持。同时,对首钢迁钢有限公司第二炼钢厂的钢包一体化管控系统进行了应用研究[229],在重点分析钢包周转时间、钢包周转率及转炉出钢温度等参数的基础上,进行周转钢包数量静态计算、钢包周转过程的动态建模仿真、钢包周转过程优化,以及钢包一体化管控系统的开发四个方面的研究与实践。刘在春等人[230]设计了一种能跟踪定位钢包的软件,该软件通过在转炉车间应用 RFID 射频识别技术,实现实时监测钢包状态的目标,稳定钢厂生产节奏,并及时记录和传输钢包物流信息。

通过以上对国内、外钢包调度研究分析发现,随着研究问题的进一步深入,问题规模的进一步扩大,研究方法已经从单一方法转为多种方法相结合。但这些研究未考虑的因素不全面性、问题规模不够大、没有根据实际钢厂车间钢包调度的特点,综合考虑影响钢包调度的各个因素,建立基于实际炼钢厂车间的钢包调度模型。

# 1.5 本书主要内容

以某大型钢铁企业的三台转炉、七台精炼炉、三台连铸机三重精炼方式组成的炼钢—精炼—连铸生产线为背景,开展炼钢—精炼—连铸钢包智能调度方法的研究。

(1)拉格朗日松弛方法求解炼钢—连铸生产重调度问题。

传统的拉格朗日松弛方法每次迭代需要精确求解得到次梯度,限制了方法应用的范围。松弛问题的求解时间占据了拉格朗日松弛方法的大部分时间,精确的求解算法难以应用于实际的生产过程中。因此,高效近似优化方法和基于问题特点的求解方法成为必然的实用选择。虽然近似求解会牺牲算法的精度,但在有些实际应用场景中,能够容忍部分误差且快速得到计算结果。因此,选取合适的松弛策略和相应的近似求解方法,对于求解炼钢—连铸生产重调度问题具有重要意义。

(2)人机协同求解炼钢—连铸重调度问题。

炼钢—连铸生产过程中会出现因某一炉次钢水温度过低需要增加精炼工序进行升温、紧急炉次计划插入,需要调度人员干预优化调整过程的 FJS 型炼钢—连铸重调度的问题。目前已有炼钢—连铸重调度方法主要针对时间延迟扰动、设备故障问题进行了研究,但难以有效解决所提扰动下的重调度问题。

(3)考虑生产设备调度计划约束的运输设备天车调度问题。

进行生产设备调度时不考虑炉次运输设备状态,容易出现天车不能及时到位,使得编制好的生产设备调度计划不能有效实施,造成生产调度计划延误,甚至整炉钢水被迫报废的实际情况。以炼钢—连铸生产设备调度计划为基础,以保证每个浇次准时开浇、浇次中的炉次连续浇铸,各炉次在浇铸前的等待不超过允许范围为目标,研究炼钢—连铸运输设备调度方法。现有炼钢车间天车调度方法考虑的因素并不全面(譬如天车空间位置关系、同轨道两天车之间最小距离限制等),没有根据钢厂车间运输设备调度的特点,综合考虑影响运输设备调度的各个因素,建立基于实际炼钢厂车间的运输设备调度模型。

(4)炼钢—连铸钢包调度问题。

炼钢—连铸钢包调度问题是一个多目标非线性问题,由转炉冶炼工艺要求可知,不是任何一个钢包都可以装载任意一种钢水,目标函数相互冲突时难以同时满足要求。由于炼钢—连铸的整个生产过程中加工件是高温钢水,钢水温度的变化会影响产品的品质。钢水温度和钢水成分是钢水质量的关键参数,作为承载钢水容器的钢包的材质、使用情况和温度也会对钢水温度和钢水成分造成影响,但是无法精确建模描述。漏钢(钢水从钢包中泄漏)是炼钢厂中绝对要避免的重大安全事故之一,一旦发生常常伴随着人员生命和经济财产的重大损失。钢包在使用过程中,随着使用次数的增加,耐火材料不断损耗,同时钢包水口的牢固程度也在不断减弱,从而导致漏钢的风险不断增加。这些因素在现有条件下也无法进行精确描述,导致钢包调度问题建模困难。且目前采用的智能优化方法(遗传算法、粒子群算法、蚁群算法等)求解这种模型具有容易陷入局部极小,求解速度慢等缺点,在炼钢—连铸的实际生产中应用困难。

本书针对上述问题,依托国家自然科学基金面上项目"动态环境下炼钢—连铸过程生产与运输资源协同优化调度问题研究"(61773269)、辽宁省社科规划基金项目"数据—模型混合驱动的炼钢生产车间集成化调度模型与决策方法研究"(L20BGL017),以国内某大型钢铁企业的炼钢—连铸实际生产为背景,开展生产设备重调度和运输设备天车调度研究,主要工作有以下几点。

(1)针对加工时间可变的炼钢—连铸生产重调度问题,提出了求解 FJS 型炼钢—连铸生产重调度问题的拉格朗日松弛水平优化方法,并建立了基于时间索引变量的混合整数规划模型,提出了基于工件单元分解和基于机器单元分解的松弛策略;针对两种松弛策略的松弛问题,提出了带有多项式时间复杂度的动态规划算法。基于上述方法,提出了近似误差可控的松弛问题近似优化方法以及相应的近似次梯度水平算法求解对偶问题。最后,通过数值实验比较并分析了所提出的算法。

(2)针对某一炉次钢水温度过低需要增加精炼工序进行升温、紧急炉次计划插入、时间大延迟扰动下,需要调度人员干预优化调整过程的 FJS 型炼钢—连铸重调度问题,提出由基于人机协同的炉次加工设备调整、基于线性规划的炉次开工和完工时间调整两部分组成的人机协同重调度策略,并给出了各部分的调度算法,开发了相应重调度系统,应用于炼钢—连铸生产过程,提高了调度系统应对扰动的响应速度和生产效率。

(3)针对生产中容易出现天车不能及时到位,使得编制好的生产调度计划不能及时在相应的设备上执行,从而造成生产调度计划延误,甚至整炉钢水被迫报废的实际问题,建立了考虑生产设备调度计划约束的运输设备天车调度模型,并设计了天车冲突解消策略,提出了启发式天车运行调度方法,采用模糊综合评价方法对调度结果进行评价分析,还开发了相应的天车调度软件系统。

(4)建立炼钢—连铸生产过程钢包优化调度模型,该优化调度模型包括钢包优化选配模型、钢包优化路径编制模型和天车优化调度模型。

①钢包优化选配模型,包括脱磷包优化选配模型和脱碳包优化选配模型。其中脱磷包优化选配模型以钢包温度最高、寿命最长、剩余在线使用时间最大为性能指标,以工艺规定的待选钢包温度、使用寿命和维护结束时间的约束条件建立约束方程,决策变量为脱磷钢包;脱碳包优化选配模型以钢包温度最高、寿命最长、材质等级最低和下水口数量最少为性能指标,以工艺规定的钢包温度、寿命、材质、下水口使用次数,维护结束时间和钢包烘烤时间的约束条件建立约束方程,决策变量为脱碳钢包。

②钢包优化路径编制模型以钢包运输路径最短、起吊放下次数最少、同一路径中前后相邻的两个钢包的间隔时间最长、运输温降和时间最少为性能指标;以路径上的天车载重、路径可运输时间、可用路径长度、路径中运输的钢水温降不超标的约束条件建立约束方程,决策变量为钢包运输路径。

③采用基于一阶规则学习,最小一般泛化的规则推理、启发式方法和基于甘特图的人机交互等智能方法与钢包调度过程的特点相结合,提出钢包智能的调度方法,包括基于一阶规则学习,最小一般泛化规则推理的钢包选配方法,基于多优先级的启发式钢包路径编制方法,基于冲突解消策略和基于甘特图编辑人机交互调整炉次的启发式天车调度方法。

钢包选配方法采用一阶规则学习和最小一般泛化智能方法建立钢包选配规则,钢包优化选配钢包路径按性能指标重要程度确定钢包路径优先级并对可用路径排序,优化了钢包运输路径;天车调度针对天车调度中的冲突问题,将基于甘特图编辑的人机交互调整炉次计划和启发式天车调度相结合,明显提高了天车调度的炉次按计划时间开工的命中率。

# 第2章　基于近似次梯度拉格朗日松弛的炼钢—连铸生产重调度方法

在炼钢生产过程中,钢水加工及运输时间、机器故障等变化使得调度计划不可行,需要根据实时生产状况重新生成新的满足复杂约束要求的调度计划,以实现连续和稳定的生产。本章首先提出炼钢—连铸的重调度的问题,接着建立基于时间索引变量的 0 - 1 混合整数规划模型;然后基于此模型,提出两种基于机器能力约束松弛的松弛策略(基于工件单元分解的松弛策略和基于机器单元分解的松弛策略);最后提出带有多项式时间复杂度的两层动态规划求解松弛问题,并利用条件—偏转近似次梯度水平算法求解炼钢—连铸生产重调度问题。

## 2.1　问题描述

### 2.1.1　炼钢—精炼—连铸生产工艺

先给出炼钢—连铸生产调度过程所涉及的概念。炉次是指在同一个转炉内冶炼的钢水冶炼后将钢水倒入钢包中,由钢包载运钢水到精炼设备进行精炼,再载运到连铸前并注入中间包中,由于一个炉次的钢水恰好装入一个钢包中,所以从炼钢到连铸工序前被调度工件,即炼钢与精炼设备加工工件均为炉次,炉次是炼钢—连铸生产工艺最小生产单元。浇次是指在同一台连铸机上连续浇铸的炉次的集合,是炼钢—连铸生产工艺最大的生产单元。编制炼钢—连铸生产调度计划前,每台连铸机上所加工的浇次预先给定,浇次内炉次加工顺序已知。

图 2.1 所示为某炼钢厂的炼钢—精炼—连铸生产工艺过程。炼钢阶段有三台 260 t 转炉(1#LD ~ 3#LD),其基本任务是将高温铁水倒入转炉,通过脱碳、脱磷、脱硫、脱氧来去除有害气体和夹杂物,接着提高钢水温度,并通过加入一定种类和数量的合金,使得钢水的成分达到所炼钢种的规格。精炼阶段有三台 RH 设备(1#

RH~3#RH)、两台 LF 设备和一台 IR_UT 设备,精炼阶段是将炼钢阶段冶炼的钢水装入钢包,在真空或惰性气体的容器内进行脱气、脱氧、脱碳等,将钢水温度、成分调整到浇注的工艺要求范围内。连铸阶段有 3 台连铸机(1#CC~3#CC),其任务是将精炼得到的钢水通过中间包注入结晶器内,迅速冷却成连铸坯,为热轧工序或其他工序提供原料。

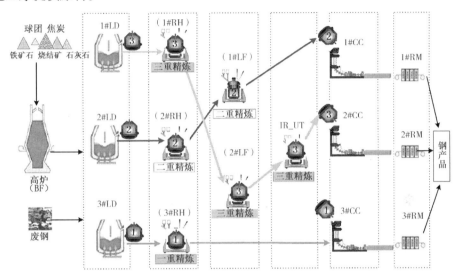

**图 2.1　炼钢—精炼—连铸生产工艺过程**

炼钢—连铸生产过程主要的工艺特点是被加工对象在高温下,由液态(钢水)向固态(拉铸成坯)的转化过程,对物流的连续性与流动时间(在各设备上的处理时间及工序设备之间的运输等待时间)都有极高的要求,只允许有限的等待时间;生产路径与钢种有关,不同类型的钢种有不同的精炼类型、精炼工位重数的要求;生产过程一般都需要高温连续作业,没有中间库存,等待时间的增加可能意味着温度的降低,再升温将会导致能源和生产成本的增加;需要对加工对象进行一定组合,按批量生产,要确保一个浇次内多个炉次钢水连续浇铸。

## 2.1.2　炼钢—精炼—连铸生产重调度问题

由于炼钢—连铸生产过程是一个高能耗、高物耗的过程,同时生产过程和生产环境也非常复杂,因而难以避免由于生产加工时间和机器设备的故障扰动造成预先制订的调度计划无法执行,因而需要重新根据现有的生产状况和原调度计划生成可执行的调度。所有对生产过程的干扰主要表现为两个类型的事件：工件的加工时间变化和机器故障。对于前一个事件（加工时间变化），在重调度起始时刻，所有的加工操作有三种状态：已完成（F）、正在加工（P）和未开始（U）；对于后一个事件（机器故障），在重调度起始时刻，除了上述三种状态，此时的加工操作还有一种状态为已取消（C），这意味着当前的工件已不能继续加工，具体表现为炼钢—连铸生产过程中，对当前炉次加工的机器出现故障，无法执行后续加工，因而需在整个调度计划中取消当前炉次的后续加工操作。另外，在重调度中一台机器可用的时刻为事件发生时刻（表明此时机器上无工件加工）、当前正在加工的工件结束时刻和机器维护结束时刻。在重调度中，所有那些状态为 P 的操作都需要在重调度中重新决策确定开工时间和加工设备，具体如图 2.2 所示。

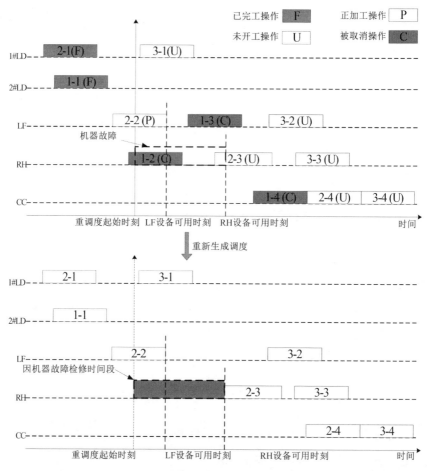

**图 2.2　重调度示例**

在重调度中,工件的加工允许在一定范围内进行调整,浇次里的相邻炉次则是尽可能连浇而非如同静态调度中的连浇要求,重调度中不考虑单台连铸机上多个浇次的问题。此外,重调度与静态调度的差异要尽可能小,因为炼钢—连铸是一个高温和高重的生产过程,调整和移动钢包以及相关辅助设备是一个非常复杂和危险的过程,尽可能不要大范围调动。在炼钢—连铸实际生产调度中,重调度与静态调度差异性的衡量标准为相同工件在两个调度中的不同机器上加工的个数越少越好,因此也称为重调度的稳定性指标。

## 2.1.3　基于时间索引变量混合整数规划重调度模型

### 2.1.3.1　索引、元素和集合

$i$、$r$ 为炉次序号,$\Omega$ 为含有所有未完工和开工的炉次的集合,$i, r \in \Omega$。$|\Omega|$ 为总炉次数。

$N$ 为浇次总数。

$n$ 为浇次序号,$n = 1, 2, \cdots, N$。

$j$ 为工序序号,$1 \leqslant j \leqslant S$。

$M_j$ 为第 $j$ 工序的设备数(整数),$M_j \geqslant 1$。

$s(i, g)$ 为炉次 $i$ 的第 $g$ 个操作所经过的工序。

$\Omega_n$ 为第 $n$ 个浇次中所有未完工炉次的有序集合,$|\Omega_n|$ 表示第 $n$ 个浇次中炉次的个数,且有 $\Omega_{n_1} \cap \Omega_{n_2} = \varnothing, \forall n_1, n_2 = 1, 2, \cdots, N$ 且 $n_1 \neq n_2, \Omega_1 \cup \Omega_2 \cup \cdots \cup \Omega_n = \Omega$。

$b(k)$ 为第 $k$ 个浇次的末炉次序号,$b(k) = b(k-1) + |\Omega_k|, b(0) = 0, k = 1, 2, \cdots$, $n, M_S, b(M_S) = |\Omega|$,则 $\Omega_k = \{b(k-1)+1, \cdots, b(k)\}, \Omega = \{b(0)+1, b(0)+2, \cdots$, $b(1), b(1)+1, \cdots, b(M_S)\}$。

$O_i$ 为工件 $i$ 在重调度起始时刻已开工的操作,包括已完工和正在加工的操作。

### 2.1.3.2　固定参数

$P_{i,j}^{\mathrm{U}}$ 为炉次 $i$ 在工序 $j$ 的作业时间调整上限。

$P_{i,j}^{\mathrm{L}}$ 为炉次 $i$ 在工序 $j$ 的作业时间调整下限。

$T_{j,j+1}$ 为炉次在工序 $j$ 和工序 $j+1$ 之间标准的运输时间。

$A_{j,k}$ 为第 $j$ 个工序的第 $k$ 台机器在重调度中的可用时刻。

$\bar{y}_{i,g,k,t}$ 为如果炉次 $i$ 的第 $g$ 个操作在原调度中的第 $s(i,g)$ 个工序的第 $k$ 台机器

于时刻 $t$ 开工,则为 1,否则为 0。

$\bar{c}_{i,g}$ 为炉次 $i$ 的第 $g$ 个操作在原调度中的完工时刻,$g \in O_i$。

$\bar{p}_{i,j}$ 为炉次 $i$ 在原调度中工序 $j$ 的加工时间。

$W_1$ 为炉次完工时间惩罚系数。

$W_2$ 为炉次驻留时间惩罚系数。

$W_3$ 为断浇时间惩罚系数。

$W_4$ 为重调度与原调度差异惩罚系数。

$T$ 为生产计划的最长时间。

$x_{i,g,t}$ 为 0/1 变量,当且仅当炉次 $i$ 的第 $g$ 个操作在第 $t$ 时刻开始加工时为 1,否则为 0。

$c_{i,g}$ 为炉次 $i$ 在第 $g$ 个操作的作业完工时间。

$y_{i,g,k,t}$ 为 0/1 变量,当且仅当炉次 $i$ 的第 $g$ 个操作在重调度中的第 $s(i,g)$ 个工序的第 $k$ 台机器于时刻 $t$ 开工,则为 1,否则为 0。

$p_{i,j}$ 为炉次 $i$ 在工序 $j$ 的加工时间。

$\tau$ 为 $\max\{t - P_{i,j} + 1, 1\}$(求最大的结果)。

### 2.1.3.3 目标函数

$$\min G = G_1 + G_2 + G_3 \tag{2.1}$$

其中,

$$G_1 = \sum_{i=1}^{|\Omega|} W_1 c_{i,S} + \sum_{i=1}^{|\Omega|} W_2 (c_{i,S} - c_{i,|O_i|+1} + p_{i,|O_i|+1}) \tag{2.2}$$

$$G_2 = \sum_{k=1}^{M_S} \sum_{i=b(k-1)+1}^{b(k)-1} W_3 (c_{i+1,S} - c_{i,S} - p_{i+1,S}) \tag{2.3}$$

$$G_3 = W_4 \sum_{i \in \Omega} \sum_{t=1}^{T} \sum_{g=1}^{S-1} \sum_{k=1}^{M_{s(i,g)}} \left[ \max(y_{i,g,k,t} - \bar{y}_{i,g,k,t}, 0) + \max(\bar{y}_{i,g,k,t} - y_{i,g,k,t}, 0) \right] \tag{2.4}$$

上式中 $G_1$ 为完工时间和驻留时间惩罚函数;$G_2$ 为断浇时间惩罚函数;$G_3$ 为稳定性惩罚函数;$S$ 为炉次 $i$ 的最大工序数($1 \leqslant j \leqslant S$)。

为了消除式(2.4)中的非线性项,引入如下两类辅助变量:

$$y_{i,g,k,t}^1 = \max(y_{i,g,k,t} - \bar{y}_{i,g,k,t}, 0), y_{i,g,k,t}^2 = \max(\bar{y}_{i,g,k,t} - y_{i,g,k,t}, 0) \tag{2.5}$$

因此

$$y_{i,g,k,t}^1 - y_{i,g,k,t}^2 = y_{i,g,k,t} - \bar{y}_{i,g,k,t}, i \in \Omega, 1 \leqslant g < S, 1 \leqslant k \leqslant M_{s(i,g)}, 1 \leqslant t \leqslant T$$

$$(2.6)$$

因而有

$$G_3 = W_3 \sum_{i \in \Omega} \sum_{t=1}^{T} \sum_{g=1}^{S-1} \sum_{k=1}^{M_{s(i,g)}} (y_{i,g,k,t}^1 + y_{i,g,k,t}^2) \tag{2.7}$$

约束 1：工件的每个操作只能在每个工序的一台机器上加工，

$$x_{i,g,t} = \sum_{k=1}^{M_j} y_{i,g,k,t}, j = s(i,g), i \in \Omega, 1 \leqslant g < S, 1 \leqslant t \leqslant T \tag{2.8}$$

约束 2：每个工件的每个操作开工时刻只有一次

$$\sum_{t=1}^{T-P_{i,j}+1} x_{i,g,t} = 1, j = s(i,g), i \in \Omega, 1 \leqslant g < S \tag{2.9}$$

约束 3：工件完工时间与时间索引变量有如下关系

$$c_{i,g} = \sum_{t=1}^{T-p_{i,j}+1} t x_{i,g,t} + p_{i,j} - 1, j = s(i,g), i \in \Omega, 1 \leqslant g < S \tag{2.10}$$

约束 4：炉次加工顺序约束，即同一炉次在前一阶段加工完毕并运达下一阶段后，才能开始加工，

$$c_{i,s(i,g+1)} - c_{i,s(i,g)} - P_{i,s(i,g+1)} \geqslant T_{s(i,g),s(i,g+1)}, i \in \Omega, 1 \leqslant g < S \tag{2.11}$$

约束 5：在重调度中，已开工的操作的完工时间和加工时间与原调度相同，即

$$c_{i,g} = \bar{c}_{i,g}, p_{i,j} = \bar{p}_{i,j}, j = s(i,g), i \in \Omega, 1 \leqslant g < S \tag{2.12}$$

约束 6：在重调度中的任一时刻，同时开工的工件个数不大于其所能加工设备的总台数，此即机器能力约束，

$$\sum_{(i,g) \in J_j} \sum_{\tau = \max\{t-p_{i,j}+1,1\}}^{t} x_{i,g,\tau} \leqslant \sum_{k=1}^{M_j} \delta(A_{j,k} - t) \tag{2.13}$$

其中，$J_j = \{(i,g) \mid s(i,g) = j, g \notin O_i, i \in \Omega\}, 1 \leqslant j < S, 1 \leqslant t \leqslant T, \delta(x) = \begin{cases} 1, x > 0 \\ 0, x \leqslant 0 \end{cases}$.

约束 7：在同一浇次中的相邻炉次的加工顺序约束，此也称为批约束，

$$c_{i+1,S} - c_{i,S} - p_{i+1,S} \geqslant 0, i, i+1 \in \Omega_k, 1 \leqslant k \leqslant M_S \tag{2.14}$$

约束 8：最后阶段机器可用时间的约束，即工件的开工时间不能早于机器设备的可用时间，

$$c_{i,S} - p_{i,S} + 1 \geqslant A_{S,k}, i = b(k-1) + 1, 1 \leqslant k \leqslant M_S \tag{2.15}$$

约束 9：变量约束，

$$c_{i,g} \geq p_{i,s(i,g)}, i \in \Omega, 1 \leq g \leq S \qquad (2.16)$$

$$x_{i,g,t} \in \{0,1\}, i \in \Omega, 1 \leq g \leq S, 1 \leq t \leq T \qquad (2.17)$$

$$P_{i,j}^{\mathrm{L}} \leq p_{i,j} \leq P_{i,j}^{\mathrm{U}}, i \in \Omega, 1 \leq j \leq S \qquad (2.18)$$

$$y_{i,g,k,t}^{1} \in \{0,1\}, y_{i,g,k,t}^{2} \in \{0,1\}, i \in \Omega, 1 \leq g \leq S, 1 \leq t \leq T \qquad (2.19)$$

## 2.2　近似次梯度拉格朗日松弛重调度方法

针对所提出的重调度模型,笔者提出了冶炼与精炼阶段的机器能力拉格朗日松弛策略,基于动态规划的松弛问题近似求解方法,近似次梯度水平算法求解对偶问题,基于列表调度的启发式规则构造可行解算法四部分组成的重调度优化方法,如图 2.3 所示。

### 2.2.1　拉格朗日松弛问题

采用基于工件(炉次)单元分解的松弛策略,利用拉格朗日松弛策略求解炼钢—连铸重调度问题。

通过引入拉格朗日乘子 $\{\lambda_i\}$ 松弛约束式(2.14)和 $\{\lambda_{j,t}\}$ 松弛约束式(2.13),可得到如下松弛问题

$$(\mathrm{LR}) L(\lambda) = \min \{ G + \hat{G}_1 + \hat{G}_2 \} \qquad (2.20)$$

其中

$$\hat{G}_1 = \sum_{j=1}^{S-1} \sum_{(i,g) \in J_j} \sum_{\tau = \max\{t-P_{i,j}+1,1\}}^{t} \sum_{k=1}^{M_j} \lambda_{j,t} (x_{i,g,\tau} - \delta(A_{j,k} - t)) \qquad (2.21)$$

$$\hat{G}_2 = \sum_{k=1}^{M_S} \sum_{i,i+1 \in \Omega_k} \lambda_i (c_{i,S} - c_{i+1,S} + p_{i+1,S}) \qquad (2.22)$$

约束条件为式(2.8)~(2.12)、式(2.15)~(2.19)和乘子约束

$$\lambda_i \geq 0, b(k-1) < i < b(k), 1 \leq k \leq M_S \qquad (2.23)$$

$$\lambda_{j,t} \geq 0, 1 \leq j < S, 1 \leq t \leq T \qquad (2.24)$$

对于给定的乘子 $\lambda$,松弛问题(2.20)可分解为 $|\Omega|$ 个工件单元的子问题,即

$$L(\lambda) = \sum_{i \in \Omega} L_i(\lambda) \qquad (2.25)$$

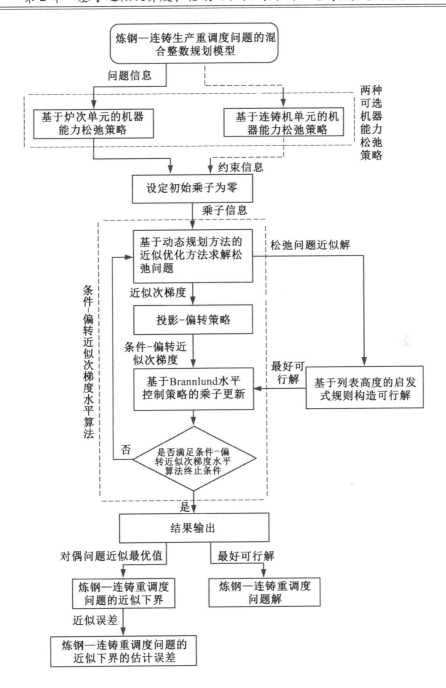

图 2.3　基于条件 – 偏转近似次梯度拉格朗日松弛算法的炼钢—连铸生产重调度优化方法

其中

$$L_i(\lambda) = \min\left(\sum_{g=|O_i|+1}^{S} f_{i,g}(\lambda,x,p,y)\right) \tag{2.26}$$

$$f_{i,g}(\lambda,x,p,y) = w_{i,g}c_{i,g} + f_{i,g}^{1} + f_{i,g}^{2} + f_{i,g}^{3} \tag{2.27}$$

$$w_{i,g} = \begin{cases} W_1 + W_2 - W_3 - \lambda_i, & i = b(k-1)+1, 1 \leqslant k \leqslant M_S, g = S \\ W_1 + W_2 + W_3 + \lambda_i, & i = b(k), 1 \leqslant k \leqslant M_S, g = S \\ W_1 + W_2 + \lambda_i - \lambda_{i-1}, & b(k-1)+1 < i < b(k), 1 \leqslant k \leqslant M_S, g = S \\ -W_2, & i \in \Omega, g = |O_i|+1 \\ 0, & i \in \Omega, |O_i|+1 < g < S \end{cases}$$

$$\tag{2.28}$$

$$f_{i,g}^{1} = \sum_{t=1}^{T-p_{i,j}+1}\sum_{\tau=t}^{t+p_{i,j}-1} x_{i,g,\tau}\lambda_{j,\tau}, j = s(i,g), 1 \leqslant g < S \tag{2.29}$$

$$f_{i,g}^{2} = W_3 \sum_{t=1}^{T}\sum_{k=1}^{M_{s(i,g)}} (y_{i,g,k,t}^{1} + y_{i,g,k,t}^{2}), 1 \leqslant g < S \tag{2.30}$$

$$f_{i,g}^{3} = \begin{cases} (\lambda_i - W_3)p_{i,j}, b(k-1)+1 < i \leqslant b(k), 1 \leqslant k \leqslant M_S, g = S \\ W_2 p_{i,j}, i \in \Omega, j = s(i,g), g = |O_i|+i \\ -\sum_{t=1}^{T}\sum_{k=1}^{M_i}\lambda_{j,t}\delta(A_{j,k}-t), j = s(i,g), i \in \Omega, 1 \leqslant g < S \end{cases} \tag{2.31}$$

## 2.2.2 基于动态规划的松弛问题近似求解方法

以基于工件(炉次)单元分解的松弛策略为例介绍如何近似求解其对应的松弛问题。由基于工件单元分解的松弛策略可知,

$$L(\lambda) = \min_{x \in X} L(\lambda,x) = \min_{x \in X} \sum_{i=1}^{|\Omega|} L_i(\lambda,x^i) \tag{2.32}$$

其中,$X$ 是未松弛的约束所形成的可行域,$L_i(\lambda,x^i)$ 为对应于工件 $i$ 的子问题。在次梯度算法中,设 $L(\lambda_k,x_k)$ 为当前迭代点的函数值,$\lambda_{k+1}$ 为下一个迭代点,在精确求解松弛问题的方法中,$x_{k+1}$ 满足如下条件

$$x_{k+1} = \arg\min_{x \in X} L(\lambda_{k+1},x) \tag{2.33}$$

由式(2.32)可知,松弛问题由多个子问题组成,因而可以考虑求解单个子问题,以

满足某种下降的度量。

由于基于机器能力约束松弛的松弛问题可利用动态规划算法多项式求解,因而应该可以控制下降幅度,这样就为估计最终的近似解与最优值的距离提供了很好的参考,可以研究误差与求解时间之间的关系。因此,提出如下近似计算方法。

步骤1:设 $r \in (0, 1)$ 为下降比率,令 $s = 0$ 为累计下降幅度,$i = 1$。

步骤2:令 $x_{k+1}^i = \arg\min\limits_{x \in X} L_i(\lambda_{k+1}, x)$。

步骤3:令 $s = s + L_i(\lambda_{k+1}, x_k^i) - L_i(\lambda_{k+1}, x_{k+1}^i)$。如果 $s \geq rL(\lambda_{k+1}, x_k)$,则令 $x_k^m = x_{k+1}^m (1 \leq m \leq i)$,$x_{k+1} = x_k$,停止求解;否则,令 $i = i + 1$,转到下一步。

步骤4:如果 $i = |\Omega|$,则令 $x_{k+1} = x_k$,停止求解;如果 $i < |\Omega|$,则转到步骤2。

上述方法中的下降比率参数 $r$ 可以认为设定,文中设 $r = 0.01$。值得指出的是,基于机器能力松弛策略的松弛问题的近似算法与精确算法的主要差别在于是否求解完所有的松弛子问题。按照上述所给的近似算法,如果下降比例参数 $r$ 被设定过大,则此时的近似算法有可能变为精确求解;如果设置过小,则最终的误差有可能较大,因而 $r$ 的大小可以通过数值实验来给定。

## 2.2.3 基于松弛问题解的原问题可行解构造方法

基于工件单元约束松弛策略可行解的构造方法的基本思想是结合松弛问题所得到的工件开始加工时间、目标函数系数和列表调度方法,具体如下。

步骤1:设 $m_{i,j}$ 在初始调度中为工件 $i$ 在工序 $j$ 的加工机器序号($1 \leq m_{i,j} \leq M_j$,$1 \leq j < S$),$\{c_{i,g} | i \in \Omega, 1 \leq g \leq S\}$ 和 $\{p_{i,j} | i \in \Omega, 1 \leq j \leq S\}$ 为松弛问题的解,$T_j$ 是集合 $\{t_{i,g} = c_{i,g} - p_{i,j} | (i, g) \in O_j\} (1 \leq j \leq S)$ 中所有元素由小到大排列而成,$T_j[n]$ 为列表 $T_j$ 中的第 $n$ 个元素,$J_{j,k}$ 为在第 $j$ 个工序第 $k$ 台机器上的加工工件的集合。令 $j = 1$,$n = 1$,$\bar{A}_{j,k} = A_{j,k}$,$J_{j,k} = \varnothing$,$|J_{j,k}| = 0 (1 \leq k \leq M_j)$。

步骤2:令 $i^* = \arg\limits_{i \in \Omega}\{\hat{t}_{i,g} = t_{T_j(n),g} | (i, g) \in J_j\}$,

$$a_{j,k} = \begin{cases} \bar{A}_{j,k} + W_4, & k \neq m_{i,j}, 1 \leq k \leq M_j \\ \bar{A}_{j,k}, & k = m_{i,j} \end{cases} \tag{2.34}$$

$$k^* = \arg\min\limits_{1 \leq k \leq M_j} a_{j,k}, \quad J_{j,k^*} = J_{j,k^*} \cup \{i^*\} \tag{2.35}$$

$$|J_{j,k^*}| = |J_{j,k^*}| + 1, \bar{A}_{j,k^*} = \bar{A}_{j,k^*} + p_{i^*,j}, m_{i^*,j} = k^*, n = n + 1 \qquad (2.36)$$

步骤3:如果 $n \leqslant |\Omega|$,转到步骤2;如果 $j < S - 1$,令 $j = j + 1, z(1 \leqslant k \leqslant M_j)$,转到步骤2;其他情况,转到下一步。

步骤4:设 $T_{j,k}$ 是集合 $J_{j,k}$ 中所有元素由小到大排列而成的,$T_{j,k}[n]$ 为列表 $T_{j,k}$ 中的第 $n$ 个元素,则令

$$c_{i_2,j} \geqslant c_{i_1,j} + P_{i_2,j}, i_1 = T_{j,k}[n], i_2 = T_{j,k}[n+1], 1 \leqslant n < |J_{j,k}|, 1 \leqslant k \leqslant M_j$$
$$(2.37)$$

步骤5:将原问题中的机器能力约束式(2.13)替换为式(2.37),同时不考虑约束式(2.8)~(2.10)和式(2.17),利用上述信息,求解原问题将得到原问题的一个可行解。

## 2.2.4 近似次梯度水平算法求解对偶问题

利用误差可控的近似次梯度水平算法求解炼钢—连铸重调度问题的对偶问题,其算法如下。

步骤1(初始化):设初始值 $\varepsilon_1 > 0, \varepsilon_1 \gg \varepsilon_2 > 0, \lambda_0 \geqslant 0, \delta_0 > 0, \beta \in (0,1), t \in (0,1), \sigma_{\max} > 0, N > 0$。令 $F_{\mathrm{rec}}^{-1} = \infty, F(\lambda) = -L(\lambda), \lambda_{\mathrm{best}} = \lambda_0, \sigma_0 = 0, k = 0, r = 0, l = 0, s = 0, M[l] = 0, D[s] = 0, h(l) = 1/(l+1), \lambda_{\mathrm{best}} = \lambda_0, P_{\mathrm{best}} = P(\lambda_0)$,初始偏转近似次梯度 $\boldsymbol{d}_\varepsilon^{-1} = \boldsymbol{0}$。

步骤2(函数值计算)。

步骤2.1:如果 $F_{\varepsilon_k}(\lambda_k) < F_{\mathrm{rec}}^{k-1}$,则令 $F_{\mathrm{rec}}^k = F_{\varepsilon_k}(\lambda_k), \lambda_{\mathrm{best}} = \lambda_k$;否则令 $F_{\mathrm{rec}}^k = F_{\mathrm{rec}}^{k-1}$。

步骤2.2:如果 $P_{\mathrm{best}} < P(\lambda_k)$,则令 $P_{\mathrm{best}} = P(\lambda_k)$。

步骤3(充分下降检测):如果 $F_{\varepsilon_k}(\lambda_k) \leqslant F_{\mathrm{rec}}^k - 0.5\delta_l$,则令 $M[l+1] = k, \sigma_k = 0$,

$$\hat{d}_\varepsilon^{k-1} = 0, \delta_{l+1} = \delta_l, h(l+1) = h(l), l = l+1 \qquad (2.38)$$

步骤4(弱过低估计检测):令 $r = r + 1, W[r] = F_{\varepsilon_k}(\lambda_k)$。如果 $r > N$ 且

$$\sum_{n=1}^{N-2} \frac{|2(D[n+2] - D[n])|}{|WD[n]|} < \varepsilon_2,$$ 则令 $k_1 = \dfrac{k + \lfloor(h(l)\sigma_{\max} - \sigma_k + 1)}{\|\hat{d}_\varepsilon^k\|_2} + 1(\lfloor\cdot\rfloor$ 表示向下取整$), \sigma_{k_1} = h(l)\sigma_{\max} + 1, F_{\mathrm{rec}}^k = F_{\mathrm{rec}}^{k_1}, \hat{d}_\varepsilon^k = \hat{d}_\varepsilon^{k_1}, k = k_1$;如果 $r > N$,则令 $r = 0$。

步骤 5(强过低估计检测):如果 $\sigma_k > h(l)\sigma_{\max}$,则令 $M[l+1]=k,\hat{\boldsymbol{d}}_\varepsilon^{k-1}=\boldsymbol{0}$,
$\lambda_k=\lambda_{\text{best}},\sigma_k=0,\delta_{l+1}=\beta\delta_l,h(l)=1/(l+1),l=l+1,s=s+1,D[s]=l$。

步骤 6(乘子更新):令 $F_{\text{lev}}^k=F_{\text{rec}}^{M[l]}-\delta_l$,按式(2.39)~(2.41)更新乘子,其中
$\alpha_k=t(F_{\varepsilon_k}(\lambda_k)-F_{\text{lev}}^k)/\|\boldsymbol{g}_k\|_2^2$。

条件 - 偏转近似次梯度的定义如下

$$\boldsymbol{d}_\varepsilon^k=\hat{\boldsymbol{g}}_\varepsilon^k+\beta_k\hat{\boldsymbol{d}}_\varepsilon^{k-1} \tag{2.39}$$

$$\hat{\boldsymbol{d}}_\varepsilon^k=\boldsymbol{P}_{-T_\Phi(\lambda)}(\boldsymbol{d}_\varepsilon^k) \tag{2.40}$$

$$\lambda_{k+1}=\boldsymbol{P}_\Phi(\lambda_k-\alpha_k\hat{\boldsymbol{d}}_\varepsilon^k),k=0,1,2,\cdots,n \tag{2.41}$$

其中,$\hat{\boldsymbol{g}}_\varepsilon^k(\lambda)$简记为$\hat{\boldsymbol{g}}_\varepsilon^k$,其是 $F(\lambda)$ 的条件近似次梯度,$\beta_k$ 为偏转系数,$T_\Phi(\lambda)$ 为 $\Phi$ 在 $\lambda$ 处的切锥。

步骤 7(搜索路径累加):令 $\sigma_{k+1}=\sigma_k+\|\alpha_k\hat{\boldsymbol{d}}_\varepsilon^k\|_2,k=k+1$。

步骤 8(终止条件):如果 $|\delta_l/F_{\text{rec}}^{M[l]}|<\varepsilon_1$ 或 $\|\hat{\boldsymbol{d}}_\varepsilon^k\|<\varepsilon_1$,则终止迭代;否则,转到步骤 2。

为便于理解上述次梯度水平算法,给出几点解释和说明。

(1)步骤 3 到步骤 5 就是整个算法调整目标估计水平 $F_{\text{lev}}^k$ 的策略。步骤 3 是检测下降幅度是否足够大,如果足够大,则一直按当前下降幅度($\delta_l$)进行迭代;步骤 4 是检测算法是否存在弱振荡(相对于步骤 5),如果存在,则直接调整目标估计水平的值;步骤 5 是检测算法是否存在强振荡,即目标水平值 $F_{\text{lev}}^k$ 被低估了,需要被调整。值得指出的是步骤 3 和步骤 5 在算法收敛性和收敛率的分析中起着重要的作用,另外,步骤 5 调整目标水平值 $F_{\text{lev}}^k$ 必须按照一定规则,即按照步骤 7 和步骤 5 的前提条件和运算规则,否则无法保证收敛。

(2)$M[l]$ 和 $D[s]$ 是方便后文进行理论分析和说明而引入的符号,实际计算中不会用到。$D[s+1]-D[s]$ 记录的是算法充分下降的迭代次数,$M[l+1]-M[l]$ 记录的是非充分下降的迭代次数。$W[r]$ 记录的是历史目标函数值,通过 $W[r]$ 可观测出函数值是否在一个小区域内微弱地振荡,此振荡的原因是低估了目标函数值,导致其不能收敛,因而振荡。这里设置了一个振荡检测的标准 $\varepsilon_2$。步骤 4 主要是为了避免不必要的冗余迭代以此提高效率;步骤 5 则是通过修改估计水平值来保证算法的收敛性。

(3)$\delta_0$ 实质上是 $F(\lambda)-F^*$ 的一个估计,$\sigma_{\max}$ 则是对 $\|\boldsymbol{\lambda}_0-\boldsymbol{\lambda}^*\|_2$ 的一个估计。

在拉格朗日松弛方法中,$\delta_0$ 的值更容易得到,可以通过原问题的目标函数推知 $F^*$ 的下界,而 $F(\lambda_0)$ 作为上界,这样就得到了 $F(\lambda) - F^*$ 的一个估计,随后可令 $\sigma_{max} = \delta_0 / \|g_0\|_2$ 得到 $\|\lambda_0 - \lambda^*\|_2$ 的一个粗略估计。值得指出的是,上述参数的估计值并不影响算法的收敛性,只是在实际计算过程中可能微弱影响算法的计算时间。一般而言,在实际计算过程中设 $\delta_0 = \tau(F(\lambda_0) + P(\lambda_0))(\tau \in (0,1))$,之所以相加是因为 $F(\lambda_0) = -L(\lambda_0)$。按照 Kiwiel 的观点[173],上述次梯度水平算法可以看成是束次梯度方法的一个简化版本,因为束次梯度方法每次迭代需要直接计算一个二次规划问题以获得下降的次梯度方向,而上述方法中步骤 4 到步骤 7 实质上代替了这个直接计算的过程,因而该方法更为简单,同时也使得计算复杂度低很多。

(4)上述次梯度水平算法与 Goffin 和 Kiwiel[119]方法最大的不同在于指出步骤 4 和增加了 $h(l)$ 进一步优化估计水平值的调整策略,这两个方法能极大地改进算法的效率,其中 $h(l)$ 的下降速度不能低于"复杂度 1"耗时与数据量 $l$ 成线性反比,即 $O(1/l)$。另外,由于 Goffin 和 Kiwiel 的方法针对一般凸优化问题,因而其终止条件是次梯度是否为零。但在拉格朗日松弛方法里,次梯度一般不等于零,但根据收敛证明,本书给出了如步骤 8 中的终止条件,其中 $\delta_l$ 相当于对偶间隙的一个估计,$F_{rec}^{M[l]}$ 为对偶函数的历史最优值,在拉格朗日松弛方法求解 NP 难的整数规划问题时,对偶间隙与对偶函数的比值一般大于 $10^{-3}$,所以终止条件 $\varepsilon_1$ 一般取 $10^{-3}$。

## 2.3 算例验证

### 2.3.1 算法参数设置与数据实例

条件—偏转近似次梯度水平算法求解基于机器能力约束松弛策略的对偶问题算法参数设置如下:

$$\varepsilon_1 = 1 \times 10^{-3} - 3, \varepsilon_2 = 1 \times 10^{-3} - 5, t = 0.8, W = 4, \beta = 0.8$$
$$\delta_1 = (P(\lambda_0) + F(\lambda_0))/5, \sigma_{max} = (P(\lambda_0) + F(\lambda_0))/\|g_\varepsilon(\lambda_0)\|, \lambda_0 = 0$$

上述关键参数设置的依据说明如下:

(1)$\varepsilon_1 = 1 \times 10^{-3} - 3$ 表示对偶函数下降的幅度比例,因为本书所求的调度问题均为 NP 难组合优化问题,因而存在对偶间隙,而且对偶间隙一般大于1%,这是根据实验规律总结得到的。同时如果得到的对偶间隙小于0.1%,则表明在实际生产中已经足够好,因而可以终止算法。

(2)$\varepsilon_2 = 1 \times 10^{-3} - 5$ 表示次梯度的 2 范数值,因为对偶问题的是一个非光滑的连续函数,因而如果次梯度的范数值充分小,表明当前迭代点已经足够接近对偶问题最优点,可以终止算法。

(3)$\delta_1 = (P(\lambda_0) + F(\lambda_0))/5$ 实质上是 $F(\lambda) - F^*$ 的一个估计,因为 $P(\lambda_0)$ 是原问题的可行解,且始终大于对偶问题最优值,$F(\lambda_0) = -L(\lambda_0)$ 是对偶问题的一个值,因而上述表达式是 $F(\lambda) - F^*$ 的一个估计。

(4)$\sigma_{\max} = (P(\lambda_0) + F(\lambda_0))/\|g(\lambda_0)\|$ 则是对 $\|\lambda_0 - \lambda^*\|_2$ 的一个估计。在拉格朗日松弛方法中,$\delta_0$ 的值更容易得到,可以通过原问题的目标函数推知 $F^*$ 的下界,而 $F(\lambda_0)$ 作为上界,这样就得到了 $F(\lambda) - F^*$ 的一个估计,随后可令 $\sigma_{\max} = \delta_0/\|g_0\|_2$ 得到 $\|\lambda_0 - \lambda^*\|_2$ 的一个粗略估计。

(5)$\lambda_0 = 0$ 表示初始乘子通常默认设置为零。

算法求解质量的评价的依据是对偶间隙、运行时间或迭代次数。其中对偶间隙的定义为 $\mathrm{gap} = (UB - LB)/LB \times 100\%$,$UB$ 为最优的可行解(即为问题的上界),$LB$ 为对偶问题的解(即为问题下界)。

模型的数据是基于上海某炼钢厂的工业生产的实际数据在一定区间范围的随机均匀生成,具体数据如下:

(1)炼钢—连铸生产的工序总数 $S = 4$,每个工序所对应的并行生产设备的台数 $M_j$ 的范围为 $3 \leqslant M_j \leqslant 5$,每台连铸机上加工炉次个数为 $\{8,16,24,32\}$。

(2)精炼工序有两种路径:RH→LF 和 LF→RH。所有批次的精炼工序路径是在两种路径中随机均匀生成的。

(3)相邻工序之间的传输时间 $T_{j,j+1}$ 范围是 $3 \leqslant T_{j,j+1} \leqslant 10(\min)$;标准加工时间 $P_{i,j}$ 范围是 $36 \leqslant P_{i,j} \leqslant 50(\min)$,其允许调整的上界和下界分别为 $1.1P_{i,j}$ 和 $0.9P_{i,j}$。

(4)惩罚系数 $W_1 = 10 + 20(S-1)$,$W_2 = 10$,$W_3 = 30$,$W_4 = 20$。

## 2.3.2　事件类型

考虑如下类型事件:

(1)重调度时间点,考虑两个时间点:$0.3C_{\max}$ 和 $0.7C_{\max}$,其中 $C_{\max}$ 为初始调度的最大完工时间。记时间点为 $0.3C_{\max}$ 的事件为 $R1$,另一个为 $R2$。

(2)加工时间延迟,考虑三类加工时间延迟事件:延迟时间为零、延迟时间为标准加工时间的 $0.1$ 倍、延迟时间为标准加工时间的 $0.2$ 倍。记延迟为零的事件为 $T1$,后两个分别为 $T2$ 和 $T3$。

(3)机器故障时间,考虑三类机器故障时间事件:故障时间为零、故障时间为 $0.03C_{\max}$、故障时间为 $0.06C_{\max}$。记故障时间为零的事件为 $M1$,后两个分别为 $M2$ 和 $M3$。

不考虑加工时间延迟和机器故障时间均为零的情况,因而总共有 $2 \times 3 \times 3 - 2 = 16$(种)事件类型,由于每个类型数据实例均随机生成 10 个,因此总共要考虑 $3 \times 4 \times 16 \times 10 = 1\,920$(个)例子。

为了便于表示结果,引入若干符号表示各个算法及其问题:$S$ 表示阶段数;$M$ 表示机器个数;$B$ 表示批次个数,$J$ 表示每个批次内的工件个数。

CS_Job 表示基于工件单元分解策略并采用条件次梯度的次梯度水平算法。精确求解方法参考文献[16]。

CS_Job_A 表示基于工件单元分解策略并采用条件近似次梯度的近似次梯度水平算法。

## 2.3.3　基于近似求解的算法的计算结果比较与分析

以 CS_Job_A 算法为基础,采用不同的下降比例研究近似算法的求解质量和求解效率。给出了在不同下降比例 $r$ 下在不同事件下近似总平均对偶间隙、精确总平均对偶间隙和运行时间的计算结果,其中近似总平均对偶间隙中的下界是近似算法所求的下界,而精确总平均对偶间隙中的下界是精确算法所求的下界,具体结果见表 2.1 ~ 2.3。其中,表 2.1 为算法 CS_Job_A 的近似总平均对偶间隙的计算结果,表 2.2 为算法 CS_Job_A 的精确总平均对偶间隙的计算结果,表 2.3 为算法 CS_Job_A 的总平均运行时间。

表 2.1　CS_Job_A 的近似总平均对偶间隙计算结果　　　　%

| 序号 | 事件类型 | $r = 0$ | $r = 0.02$ | $r = 0.04$ | $r = 0.06$ | $r = 0.08$ | $r = 0.10$ |
|---|---|---|---|---|---|---|---|
| 1 | R1_T2_M1 | $-1.74$ | 1.43 | 2.86 | 2.83 | 2.96 | 2.99 |
| 2 | R1_T3_M1 | $-1.72$ | 1.71 | 2.86 | 2.99 | 3.26 | 3.34 |
| 3 | R1_T1_M2 | $-1.69$ | 0.99 | 2.30 | 2.30 | 2.11 | 2.03 |
| 4 | R1_T2_M2 | $-1.67$ | 1.50 | 2.76 | 2.80 | 2.87 | 2.91 |
| 5 | R1_T3_M2 | $-1.59$ | 1.50 | 2.95 | 2.99 | 3.05 | 3.08 |
| 6 | R1_T1_M3 | $-1.83$ | 1.16 | 2.29 | 2.40 | 2.37 | 2.40 |
| 7 | R1_T2_M3 | $-1.65$ | 1.37 | 2.70 | 2.75 | 2.77 | 2.79 |
| 8 | R1_T3_M3 | $-1.50$ | 1.60 | 2.91 | 2.99 | 3.05 | 3.08 |
| 9 | R2_T2_M1 | $-1.02$ | $-8.03$ | $-4.88$ | $-5.65$ | $-5.23$ | $-4.97$ |
| 10 | R2_T3_M1 | $-0.74$ | $-0.10$ | 0.29 | 1.06 | 0.95 | 0.79 |
| 11 | R2_T1_M2 | $-1.13$ | $-8.87$ | $-7.57$ | $-6.80$ | $-5.63$ | $-5.52$ |
| 12 | R2_T2_M2 | $-1.08$ | $-6.96$ | $-6.08$ | $-7.39$ | $-4.37$ | $-3.37$ |
| 13 | R2_T3_M2 | $-0.83$ | $-4.39$ | $-5.05$ | $-4.29$ | $-3.73$ | $-3.36$ |
| 14 | R2_T1_M3 | $-1.17$ | $-5.55$ | $-5.72$ | $-6.11$ | $-5.43$ | $-5.06$ |
| 15 | R2_T2_M3 | $-1.04$ | $-6.43$ | $-7.20$ | $-4.02$ | $-1.86$ | $-3.30$ |
| 16 | R2_T3_M3 | $-0.77$ | $-1.57$ | $-0.02$ | $-1.98$ | $-1.06$ | $-1.01$ |

表 2.2　CS_Job_A 的精确总平均对偶间隙计算结果　　　　%

| 序号 | 事件类型 | $r = 0$ | $r = 0.02$ | $r = 0.04$ | $r = 0.06$ | $r = 0.08$ | $r = 0.1$ |
|---|---|---|---|---|---|---|---|
| 1 | R1_T2_M1 | 3.09 | 2.77 | 2.89 | 2.86 | 2.99 | 3.02 |
| 2 | R1_T3_M1 | 3.46 | 3.10 | 3.19 | 3.26 | 3.29 | 3.37 |
| 3 | R1_T1_M2 | 2.61 | 2.39 | 2.47 | 2.43 | 2.53 | 2.57 |
| 4 | R1_T2_M2 | 2.99 | 2.76 | 2.79 | 2.83 | 2.90 | 2.94 |
| 5 | R1_T3_M2 | 3.22 | 2.96 | 2.99 | 3.03 | 3.09 | 3.12 |
| 6 | R1_T1_M3 | 2.65 | 2.36 | 2.44 | 2.53 | 2.56 | 2.62 |
| 7 | R1_T2_M3 | 2.93 | 2.68 | 2.73 | 2.78 | 2.81 | 2.82 |
| 8 | R1_T3_M3 | 3.19 | 2.93 | 2.95 | 3.03 | 3.09 | 3.11 |
| 9 | R2_T2_M1 | 0.99 | 0.91 | 0.91 | 0.91 | 0.92 | 0.91 |
| 10 | R2_T3_M1 | 1.27 | 1.18 | 1.20 | 1.21 | 1.21 | 1.22 |
| 11 | R2_T1_M2 | 0.86 | 0.78 | 0.77 | 0.78 | 0.79 | 0.78 |
| 12 | R2_T2_M2 | 0.96 | 0.87 | 0.85 | 0.87 | 0.88 | 0.87 |
| 13 | R2_T3_M2 | 1.15 | 1.05 | 1.06 | 1.06 | 1.05 | 1.06 |
| 14 | R2_T1_M3 | 0.81 | 0.73 | 0.73 | 0.72 | 0.71 | 0.73 |
| 15 | R2_T2_M3 | 0.93 | 0.83 | 0.82 | 0.86 | 0.86 | 0.86 |
| 16 | R2_T3_M3 | $-0.77$ | $-1.57$ | $-0.02$ | $-1.98$ | $-1.06$ | $-1.01$ |

表 2.3　CS_Job_A 的总平均运行时间　　　　　　　　　　s

| 序号 | 事件类型 | $r = 0$ | $r = 0.02$ | $r = 0.04$ | $r = 0.06$ | $r = 0.08$ | $r = 0.10$ |
|------|----------|---------|-----------|-----------|-----------|-----------|-----------|
| 1 | $R1\_T2\_M1$ | 1.00 | 15.40 | 75.20 | 74.90 | 75.30 | 76.00 |
| 2 | $R1\_T3\_M1$ | 0.80 | 15.50 | 59.70 | 60.20 | 61.90 | 62.50 |
| 3 | $R1\_T1\_M2$ | 1.00 | 14.40 | 73.40 | 75.50 | 75.50 | 76.70 |
| 4 | $R1\_T2\_M2$ | 0.80 | 11.60 | 57.60 | 59.00 | 60.20 | 60.40 |
| 5 | $R1\_T3\_M2$ | 0.80 | 13.80 | 60.50 | 60.80 | 61.60 | 61.60 |
| 6 | $R1\_T1\_M3$ | 1.00 | 13.90 | 72.60 | 75.00 | 75.50 | 76.60 |
| 7 | $R1\_T2\_M3$ | 0.80 | 13.10 | 58.20 | 59.90 | 59.80 | 60.50 |
| 8 | $R1\_T3\_M3$ | 0.80 | 15.00 | 59.50 | 60.70 | 61.80 | 61.60 |
| 9 | $R2\_T2\_M1$ | 0.30 | 3.40 | 9.60 | 10.20 | 10.20 | 10.50 |
| 10 | $R2\_T3\_M1$ | 0.30 | 4.40 | 12.60 | 13.00 | 13.00 | 12.80 |
| 11 | $R2\_T1\_M2$ | 0.30 | 3.00 | 9.60 | 10.60 | 10.50 | 10.70 |
| 12 | $R2\_T2\_M2$ | 0.30 | 3.10 | 10.60 | 11.10 | 11.20 | 11.30 |
| 13 | $R2\_T3\_M2$ | 0.30 | 3.70 | 11.30 | 11.70 | 11.70 | 12.10 |
| 14 | $R2\_T1\_M3$ | 0.30 | 2.70 | 9.60 | 9.60 | 10.30 | 10.80 |
| 15 | $R2\_T2\_M3$ | 0.30 | 3.70 | 10.90 | 11.30 | 11.50 | 11.80 |
| 16 | $R2\_T3\_M3$ | 0.30 | 3.30 | 11.30 | 11.60 | 11.90 | 12.00 |

由表 2.1 ~ 2.3 可得到如下结论。

(1)对于 CS_Job_A,当下降比例 $r$ 不小于 0.04 时,算法的运行时间和对偶间隙在不同下降比例下基本相同。这意味着,实际生产调度中下降比例大于一定数值之后,其求解质量和求解效率已没有区别。

(2)由表 2.1 可知,CS_Job_A 的近似总平均对偶间隙在很多事件下是小于 0 的,这意味着近似下界大于上界。值得指出的是,大多数小于 0 的事件为含有 $R_2$ 的事件。

## 2.3.4　所提算法与实际生产调度方法计算结果比较与分析

将算法 CS_Job_A 跟实际生产调度方法[21]进行比较。为了比较求解效果,将分别比较各个算法所得到的总完工时间和($TC$)、总等待时间和($TS$)、总断浇时间和($CB$)与稳定性指标($SM$)。两种算法的计算结果见表 2.4。

表 2.4　CS_Job_A 与实际生产调度算法计算结果

| 事件序号 | CS_Job_A | | | | 实际生产调度方法 | | | |
|---|---|---|---|---|---|---|---|---|
| | TC/s | TS/s | CB/s | SM/次 | TC/s | TS/s | CB/s | SM/次 |
| 1 | 39 113 | 19 341 | 134 | 59 | 77 422 | 93 888 | 2 351 | 83 |
| 2 | 40 379 | 19 659 | 168 | 59 | 75 207 | 90 008 | 2 162 | 82 |
| 3 | 38 752 | 19 942 | 83 | 59 | 76 701 | 95 194 | 2 384 | 83 |
| 4 | 38 777 | 19 725 | 98 | 60 | 77 683 | 95 586 | 2 444 | 83 |
| 5 | 40 235 | 19 849 | 154 | 61 | 75 241 | 89 212 | 2 162 | 84 |
| 6 | 40 222 | 19 826 | 100 | 61 | 75 838 | 90 923 | 2 062 | 82 |
| 7 | 39 855 | 19 620 | 110 | 60 | 75 361 | 89 884 | 2 207 | 82 |
| 8 | 39 663 | 20 103 | 120 | 59 | 77 742 | 93 895 | 2 332 | 83 |
| 9 | 21 381 | 7 452 | 52 | 18 | 23 504 | 11 489 | 381 | 25 |
| 10 | 21 571 | 6 456 | 66 | 18 | 23 674 | 10 620 | 409 | 26 |
| 11 | 20 514 | 8 027 | 30 | 17 | 22 625 | 11 844 | 406 | 24 |
| 12 | 21 226 | 7 545 | 44 | 19 | 23 345 | 11 753 | 383 | 24 |
| 13 | 21 684 | 7 267 | 59 | 19 | 23 935 | 11 805 | 405 | 26 |
| 14 | 21 725 | 6 565 | 43 | 19 | 23 951 | 10 777 | 373 | 26 |
| 15 | 21 466 | 7 260 | 43 | 19 | 23 602 | 11 405 | 352 | 26 |
| 16 | 21 319 | 6 585 | 76 | 19 | 23 360 | 10 650 | 407 | 25 |
| 平均值 | 30 493 | 13 451 | 86 | 39 | 49 949 | 51 808 | 1 326 | 54 |

由表 2.4 的计算结果可知,CS_Job_A 的求解质量明显好于实际的生产调度方法,例如 CS_Job_A 的平均总完工时间和、总等待时间和、总断浇时间和和稳定性指标分别为 30 493、13 451、86、39,而实际生产调度方法相应的平均指标分别为 49 949、51 808、1 326、54。所提算法计算结果优于实际生产调度方法的计算结果的原因在于实际生产调度方法一般先固定加工时间,然后才决定开工时间,而所提算法则是同时考虑这两个决策变量。上述实验结果表明,所提算法能明显改进生产调度的效率和质量,提高生产率。

# 2.4　本章小结

　　钢水加工及运输时间、机器故障扰动,需要根据实时生产状况重新生成新的满足复杂约束要求的调度计划,以实现连续和稳定的生产。炼钢—连铸重调度问题与静态调度问题最大的不同之处在于其加工时间可以在一定范围内进行调整,而静态调度问题的加工时间是固定的。上述的不同点意味着重调度问题还需要决策工件的加工时间,增加了问题的复杂性和求解难度。由于重调度问题中的工件加工时间可变,同时还存在工件释放时间问题,如果采用加工顺序约束松弛策略,单阶段的并行机调度问题将极为复杂,求解将变得十分困难。基于机器能力约束松弛的策略的拉格朗日松弛方法的求解质量高而且求解时间也能接受,同时还可以采用可控误差的近似方法求解此问题以提高算法效率。

　　本章首先给出炼钢—连铸的重调度问题描述,接着建立基于时间索引变量的0－1混合整数规划模型。然后基于此模型,提出两种基于机器能力约束松弛的松弛策略(基于工件单元分解的松弛策略和基于机器单元分解的松弛策略)。随后提出带有多项式时间复杂度的两层动态规划求解松弛问题,并利用条件—偏转近似次梯度水平算法求解炼钢—连铸生产调度问题。最后,给出了数值实验结果及其分析。

# 第3章 基于人机协同的炼钢—连铸 生产重调度方法

针对炼钢—连铸生产过程中会出现因某一炉次温度过低而需要增加精炼工序进行升温处理、紧急炉次计划插入等扰动下的炼钢—连铸生产重调度问题,为了使调度人员可以凭借经验干预优化过程,本书提出由基于人机协同的炉次加工设备调整、基于由线性规划的炉次开工和完工时间调整两部分组成的人机协同重调度策略,并给出了各部分的调度算法。本书采用所提的人机协同生产重调度方法,设计、开发了相应重调度子系统并应用于实际生产调度过程。

## 3.1 问题描述

炼钢—连铸依次进行冶炼、精炼和连铸三个阶段的加工,如图 3.1 所示为炼钢—连铸生产工艺过程。冶炼阶段有多台转炉,有单联冶炼或双联冶炼两种方式;精炼阶段有多台、多种精炼炉,并且有多种不同的精炼组合方式,有一重或多重精炼;连铸阶段有多台连铸机。转炉将加工好的钢水注入一个钢包(称为一个炉次),被运输到精炼炉进行加工,精炼后再使用同一钢包把钢水运输到中间包(装载钢水的容器)并注入其中,钢水经中间包流入连铸机浇铸成板坯。

炼钢—连铸过程中转炉、精炼和连铸机都是固定不动的,炉次在空间位置的转移是通过天车、台车和钢包设备作业得以实现的,该生产调度过程是生产批调度和运输设备调度相协同的二维时空优化问题。在制订生产设备调度计划时,假设运输设备(天车、台车和钢包设备)能力充足,用人工估计的运输时间作为标准时间参数。因此,生产过程难以完全按照调度计划安排的加工设备和作业时间进行,需要调度人员随时根据生产运行状态进行调整。炼钢—连铸生产过程伴随的扰动事件如下：①炉次在设备上因延时不能按时开工，细分为小扰动、中等程度扰动和大扰动；②某一设备发生故障；③紧急炉次计划排入；④加工或运输过程中，出现质量不合格，包括温度或成分不满足工艺要求，其中温度扰动可细分为小扰动、中等程度扰动和大扰动。

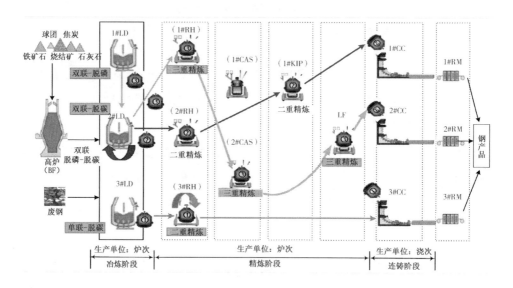

图3.1　炼钢—连铸生产工艺过程

现有的文献分别为解决时间扰动、设备扰动下重调度问题提供了有效的重调度方法，并在上海宝钢进行了应用。但对于温度过低需要增加精炼工序、紧急炉次计划插入、时间大延迟（调度人员可以选择人机协同或自动重调度）扰动下的 FJS 型炼钢—连铸生产问题，需要调度人员依靠经验干预调整过程，目前缺少有效的、快速的人机协同优化重调度方法。

## 3.2　基于人机协同的炉次加工设备调整

1. 索引

$i$ 为浇次序号。

$j$ 为炉次序号。

$k$ 为炉次 $L_{i,j}$ 的第 $k$ 个操作, $k \in [1, \cdots, \varepsilon_{ij}]$。

$m_{i,j,k}$ 为炉次 $L_{i,j}$ 的第 $k$ 个操作的加工设备。

$\Omega_i$ 为第 $i$ 个浇次中在连铸工序未开工的炉次集合, 即重调度的对象; $\Omega_1$ 为正在加工, 但连铸工序未开工的炉次集合; $\Omega_2$ 为未开工炉次集合; $\Omega = \Omega_1 \cup \Omega_2$。

2. 参数

$L_{i,j}$ 为浇次 $i$ 的第 $j$ 个炉次。

$\sigma_{i,j,k}^0$ 为炉次 $L_{i,j}$ 第 $k$ 个操作加工设备类型。

$\varepsilon_{i,j}$ 为炉次 $L_{i,j}$ 的总操作数。

$p_{i,j,k}^U, p_{i,j,k}^L, p_{i,j,k}^B$ 为炉次 $L_{i,j}$ 第 $k$ 个操作在设备 $m$ 上的加工时间的最大值、最小值和标准值。

$p_{i,j,k}^\times$ 为炉次 $L_{i,j}$ 第 $k$ 个操作在设备 $m$ 上的设定处理时间, $p_{i,j,k}^\times \in [p_{i,j,k}^L, p_{i,j,k}^U]$, 通过人机交互设定。

$T_{m_{i,j,k-1}, m_{i,j,k}}$ 为设备间运输时间。

$\beta_{i,j,k}$ 为炉次 $L_{i,j}$ 第 $k$ 个操作的加工状态。炉次 $L_{i,j}$ 第 $k$ 个操作未开工时, $\beta_{i,j,k} = 0$; 正在加工时, $\beta_{i,j,k} = 1$; 已完工时, $\beta_{i,j,k} = 2$。

$t_r$ 为重调度时刻。

$x_{i,j,k}, y_{i,j,k}$ 为重调度前, 炉次 $L_{i,j}$ 第 $k$ 个操作的开工时间和完工时间。

$\tilde{x}_{i,j,k}, \tilde{y}_{i,j,k}$ 为重调度后, 炉次 $L_{i,j}$ 第 $k$ 个操作的开工时间和完工时间。

## 3.2.1　问题模型

(1)已知条件。

基于人机协同的炉次加工设备调整时, 已知信息为原调度计划表中的炉次相关信息如下。

①设备类型, 以及每种类型的设备个数。

②浇次个数、加工浇次的连铸机。

③每个浇次内包含的炉次个数、浇次内各炉次的加工顺序。

④炉次的生产工艺路径:每个炉次经过的工序数、每个工序的加工设备类型。

⑤炉次的加工设备:每个工序的加工设备、每台设备上加工的炉次以及炉次在该设备上的前、后加工顺序。

⑥炉次在加工设备上的开工时间、完工时间。

⑦设备的标准加工时间、最小加工时间和最大加工时间。

⑧两台设备间的运输时间。

⑨炉次的加工状态:已完工、正在加工和未开工。

⑩重调度时刻。

(2)性能指标。

加工对象是高温钢水,相邻加工设备之间的等待会导致钢水温度下降,因此运输过程中等待时间要尽量的小。

$$\min J = \sum_{L_{i,j} \in \Omega} \sum_{k=2}^{\varepsilon_{i,j}} (\tilde{x}_{i,j,k} - \tilde{y}_{i,j,k-1} - T_{m_{i,j,k-1}, m_{i,j,k}}) \tag{3.1}$$

(3)约束条件。

①同一浇次内炉次的浇铸顺序必须满足原调度计划中浇次内的炉次浇铸顺序。

在进行人机交互时,不能改变原调度计划中同一浇次内炉次在连铸机上的浇铸顺序。

$$\tilde{x}_{i,j+1,\varepsilon_{i,j+1}} - \tilde{x}_{i,j,\varepsilon_{i,j}} \geq 0, L_{i,j}, L_{i,j+1} \in \Omega \tag{3.2}$$

②炉次在连铸工序的加工设备约束。

连铸工序的加工设备由作业计划模块给出,不允许修改炉次的连铸加工设备。

$$\tilde{z}_{i,j,\varepsilon_{i,j}}^{m_{i,j}^0} = 1, L_{i,j} \in \Omega_i \tag{3.3}$$

③炉次的每个工序的加工设备类型约束。

每个工序必须在指定的加工设备类型中某一台设备上加工。

$$\sum_{m \notin \Pi_{\sigma_{i,j,k}^0}} \tilde{z}_{i,j,k}^m = 0, L_{i,j} \in \Omega; k = 1, 2, \cdots, \varepsilon_{i,j} \tag{3.4}$$

$$\sum_{m \in \Pi_{\sigma_{i,j,k}^0}} \tilde{z}_{i,j,k}^m = 1, L_{i,j} \in \Omega; k = 1, 2, \cdots, \varepsilon_{i,j} \tag{3.5}$$

④按照生产工艺路径规定的前后顺序加工炉次。

$$\tilde{x}_{i,j,k} - \tilde{y}_{i,j,k-1} - T_{m_{i,j,k-1}, m_{i,j,k}} \geq 0, L_{i,j} \in \Omega; k = 2, 3, \cdots, \varepsilon_{i,j} \tag{3.6}$$

⑤正在加工、已完工工序的加工设备约束。

重调度时,不允许调整正在加工、已完工工序的加工设备。

$$\tilde{z}_{i,j,k}^{m_{i,j,k}^0} = 1, L_{i,j} \in \Omega; k = 1, 2, \cdots, \varepsilon_{i,j} - 1; \beta_{i,j,k} = 1, 2 \tag{3.7}$$

⑥炉次在设备上的加工时间约束。

$$p_{i,j,k}^{\mathrm{L}} \leqslant \tilde{p}_{i,j,k} \leqslant p_{i,j,k}^{\mathrm{U}}, L_{i,j} \in \Omega; k = 1,2,\cdots,\varepsilon_{i,j} \tag{3.8}$$

⑦正在加工、已完工工序的开工时间约束。

重调度时,不能再进行改变正在加工、已完工工序的开工时间。

$$\tilde{x}_{i,j,k} - x_{i,j,k} = 0, L_{i,j} \in \Omega; k = 1,2,\cdots,\varepsilon_{i,j}; \beta_{i,j,k} = 1,2 \tag{3.9}$$

⑧已完工工序的完工时间约束。

重调度时,不能再进行改变已完工工序的完工时间。

$$\tilde{y}_{i,j,k} - y_{i,j,k} = 0, L_{i,j} \in \Omega; k = 1,2,\cdots,\varepsilon_{i,j}; \beta_{i,j,k} = 2 \tag{3.10}$$

⑨决策变量取值约束。

$$\tilde{x}_{i,j,k} \geqslant t_r, L_{i,j} \in \Omega; k = 1,2,\cdots,\varepsilon_{i,j}; \beta_{i,j,k} = 0 \tag{3.11}$$

$$\tilde{y}_{i,j,k} \geqslant t_r, L_{i,j} \in \Omega; k = 1,2,\cdots,\varepsilon_{i,j}; \beta_{i,j,k} = 0,1 \tag{3.12}$$

$$\tilde{z}_{i,j,k}^m \in \{0,1\}, L_{i,j} \in \Omega; k = 1,2,\cdots,\varepsilon_{i,j} \tag{3.13}$$

(4)决策变量。

根据上述已知信息,调度人员依靠其经验,采用基于甘特图编辑和启发式的约束联动算法,可以实现炉次计划的调整,包括调整炉次在未开工工序的加工设备、调整设备上的炉次加工顺序、调整炉次在设备上的加工时间,选取决策变量如下。

①炉次在各工序的加工设备。

$$\tilde{z}_{i,j,k}^m = \begin{cases} 1, & \text{如果第 } i \text{ 个浇次的第 } j \text{ 个炉次的第 } k \text{ 个操作在设备 } m \text{ 上加工} \\ 0, & \text{其他} \end{cases}$$

②炉次在设备上的加工顺序。

$$b_{i_1,j_1,k_1}^{i_2,j_2,k_2} = \begin{cases} 1, & \text{如果 } o_{i_1,j_1,k_1} \text{ 在 } o_{i_2,j_2,k_2} \text{ 之前加工} \\ 0, & \text{其他} \end{cases}$$

③炉次在设备上的加工时间。

$\tilde{p}_{i,j,k}$ 为第 $i$ 个浇次的第 $j$ 个炉次的第 $k$ 个操作的加工时间,$L_{i,j} \in \Omega$。

## 3.2.2　调整算法

基于人机协同的炉次加工设备调整包括以下几种方式。

(1)调整炉次在非连铸工序的加工设备。

(2)调整炉次在非连铸设备上的加工顺序。

(3)调整炉次在设备上的加工时间。

基于人机交互的炉次加工设备调整步骤主要分为两步:首先,通过甘特图编辑实现对某一炉次操作的加工设备调整;然后,采用启发式算法对操作所属炉次的其他操作的开工时间和完工时间进行调整,以满足炉次加工的各个工序"按照生产工艺路径规定的先后顺序加工"的约束。

甘特图表现形式如图 3.2 所示,通过甘特图人机协同可以实现功能有移动计划(一条或多条或整体);修改工序加工设备;修改同设备上的炉次加工顺序;修改加工时间和运输时间。进行上述某一操作后,保存时甘特图自动启动调度算法。

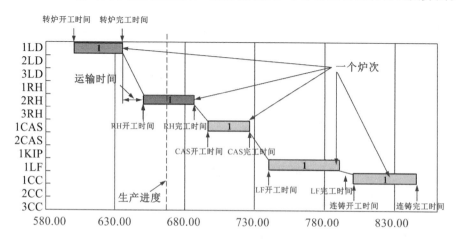

图 3.2　调度计划甘特图表现形式

(1)基于甘特图编辑和启发式的炉次加工设备人机交互调整算法。

基于甘特图编辑和启发式的炉次加工设备人机交互调整是指调整炉次在非连铸工序的加工设备,即将炉次的某一操作更换到其他设备上进行加工,以追求炉次加工等待时间达到最小。上述情况需要满足以下约束:在人机交互调整计划时,不允许调整炉次连铸工序的连铸机;根据炉次的生产工艺路径,每一个工序必须被安排在指定的设备类型中的某一设备上加工;根据炉次的加工状态,不允许调整正在加工工序、已完工的工序的原有加工设备。

调整某一操作从原加工设备更换至其他加工设备后,因设备间运输时间的不同,会导致操作在调整后的加工设备上的开工时间和完工时间变化。为了满足"按照生产工艺路径规定的前后顺序加工炉次"的约束,需要在调整操作的加工设备之后,调整操作的开工时间和完工时间。根据炉次分批的不同,属于正在加工批次 $\Omega_1$ 中的炉次,在调整某一操作的加工设备后,需对属于同一个炉次的该操作之前的操作进行开工时间和完工时间的更新;属于未开工批次 $\Omega_2$ 中的炉次,在调整操作加工设备后,需对属于同一个炉次的该操作之后的操作进行开工时间和完工时间的更新。基于甘特图编辑和启发式的炉次加工设备人机协同约束联动调整算法如下。

步骤1:获取需要进行加工设备调整的操作 $o_{i,j,k}$。

步骤2:获取操作 $o_{i,j,k}$ 的所属的加工设备类型 $\sigma_{i,j,k}^0$、所在的加工设备 $z_{i,j,k}^m$ 和加工状态 $\beta_{i,j,k}$。

步骤3:若操作 $o_{i,j,k}$ 为连铸机上的操作,即 $k=\varepsilon_{i,j}$ 时则不允许对 $o_{i,j,k}$ 更换加工设备,以满足式(3.3)的约束,转至步骤9;否则继续下一步。

步骤4:若操作 $o_{i,j,k}$ 正在加工或已完工,即 $\beta_{i,j,k}\neq0$ 时则不允许对 $o_{i,j,k}$ 更换加工设备,以满足式(3.7)的约束,转至步骤9;否则继续下一步。

步骤5:将操作 $o_{i,j,k}$ 移动至设备 $m_1$。

步骤6:若设备 $m_1$ 的设备类型 $g_{m_1}$ 与操作 $o_{i,j,k}$ 的原加工设备类型 $\sigma_{i,j,k}^0$ 不一致,即 $g_{m_1}\neq\sigma_{i,j,k}$ 时则不允许对 $o_{i,j,k}$ 更换加工设备,以满足式(3.4)、式(3.5)的约束,转至步骤9;否则操作 $o_{i,j,k}$ 成功移动至设备 $m_1$,继续下一步。

步骤7:计算操作 $o_{i,j,k}$ 在设备 $m_1$ 的开工时间和完工时间如下。

①若 $o_{i,j,k}$ 属于正在加工炉次批次 $\Omega_1$ 的操作,则 $\tilde{x}_{i,j,k}=y_{i,j,k-1}+T_{m_{i,j,k-1},m}$,$\tilde{y}_{i,j,k}=\tilde{x}_{i,j,k}+p_{i,j,k}^B$。

②若 $o_{i,j,k}$ 属于未开工炉次批次 $\Omega_2$ 的操作,则 $\tilde{y}_{i,j,k}=x_{i,j,k+1}-T_{m,m_{i,j,k+1}}$,$\tilde{x}_{i,j,k}=\tilde{y}_{i,j,k}-p_{i,j,k}^B$。

步骤8:更新与操作 $o_{i,j,k}$ 属于同一个炉次的其他操作的开工时间和完工时间如下。

①若 $o_{i,j,k}$ 属于正在加工炉次批次 $\Omega_1$ 的操作,则 $\tilde{x}_{i,j,k_1+1}=\tilde{y}_{i,j,k_1}+T_{m_{i,j,k_1},m_{i,j,k_1+1}}$,其中 $k_1=k,k+1,\cdots,\varepsilon_{i,j}$;$\tilde{y}_{i,j,k_1+1}=\tilde{x}_{i,j,k_1+1}+p_{i,j,k_1+1}^B$,$k_1=k,k+1,\cdots,\varepsilon_{i,j}$。

②若 $o_{i,j,k}$ 属于未开工炉次批次 $\Omega_2$ 的操作,则 $\tilde{y}_{i,j,k_1-1}=x_{i,j,k_1}-T_{m_{i,j,k_1-1},m}$,其中 $k_1=k,k-1,\cdots,2$,$\tilde{x}_{i,j,k_1-1}=\tilde{y}_{i,j,k_1-1}-p_{i,j,k_1-1}^B$,$k_1=k,k-1,\cdots,2$。

步骤9:算法结束。

（2）基于甘特图编辑和启发式的炉次加工顺序人机交互调整算法。

基于甘特图编辑和启发式的炉次加工顺序人机交互调整是指调整炉次在非连铸设备上的加工顺序，即将炉次的某一操作在设备上的加工顺序进行改变，以追求炉次加工等待时间达到最小。上述情况需要满足以下约束：不能改变原调度计划中同一浇次内炉次在连铸机上的浇铸顺序。

将炉次的某一操作在设备上的加工顺序进行改变后，会导致操作在调整后的开工时间和完工时间变化。为了满足"按照生产工艺路径规定的前后顺序加工炉次"的约束，需要在非连铸设备上的调整加工顺序之后，调整操作的开工时间和完工时间。根据炉次分批的不同，属于正在加工批次 $\Omega_1$ 中的炉次，调整操作在设备上的加工顺序后，需对属于同一个炉次的该操作之前的操作进行开工时间和完工时间的更新；属于未开工批次 $\Omega_2$ 中的炉次，调整操作在设备上的加工顺序后，需对属于同一个炉次的该操作之后的操作进行开工时间和完工时间的更新。

令 $\Theta_m$ 表示调度计划中设备 $m$ 加工的炉次顺序集合，$\Theta_m = \{\rho_m^1, \cdots, \rho_m^l, \cdots, \rho_m^q\}$，其中 $\rho_m^1$ 为设备 $m$ 加工的第 1 个炉次；$\rho_m^l$ 为设备 $m$ 加工的第 $l$ 个炉次操作；$\rho_m^q$ 为设备 $m$ 加工的第 $q$ 个操作。基于甘特图编辑和启发式的炉次加工顺序人机交互调整约束联动算法如下。

步骤1:获取操作 $o_{i,j,k}$ 的所属的加工设备类型 $\sigma_{i,j,k}^0$、所在的加工设备 $z_{i,j,k}^m$、加工状态 $\beta_{i,j,k}$；$\Theta_m = \{\rho_m^1, \cdots, \rho_m^{l_1-1}, \rho_m^{l_1}, \rho_m^{l_1+1}, \cdots, \rho_m^l, \rho_m^{l+1} \cdots, \rho_m^q\}$。

步骤2:获取需要进行加工顺序变更的操作 $o_{i,j,k}$，假设 $o_{i,j,k}$ 对应设备 $m$ 上的 $\rho_m^{l_1}$。

步骤3:若操作 $o_{i,j,k}$ 为连铸机上的操作，即 $k = \varepsilon_{i,j}$，则不允许对 $o_{i,j,k}$ 更换加工顺序，以满足式(3.2)的约束，转至步骤8；否则继续下一步。

步骤4:若操作 $o_{i,j,k}$ 正在加工或已完工，即 $\beta_{i,j,k} \neq 0$，则不允许对 $o_{i,j,k}$ 更换加工顺序，转至步骤8；否则继续下一步。

步骤5:将操作 $o_{i,j,k}$ 成功变换加工顺序，假设变换至 $\rho_m^l$ 和 $\rho_m^{l+1}$ 之间进行加工，则设备 $m$ 上的炉次加工顺序变为 $\Theta_m = \{\rho_m^1, \cdots, \rho_m^{l_1-1}, \rho_m^{l_1+1}, \cdots, \rho_m^l, \rho_m^{l_1}, \rho_m^{l+1} \cdots, \rho_m^q\}$。

步骤6:计算操作 $o_{i,j,k}$ 在设备 $m$ 上的开工时间和完工时间如下。

①若 $o_{i,j,k}$ 属于正在加工炉次批次 $\Omega_1$ 的操作，则 $\tilde{x}_{i,j,k} = y_{i,j,k-1} + T_{m_{i,j,k-1},m}$，$\tilde{y}_{i,j,k} =$

$\tilde{x}_{i,j,k} + p_{i,j,k}^{B}$。

②若 $o_{i,j,k}$ 属于未开工炉次批次 $\Omega_2$ 的操作,则 $\tilde{y}_{i,j,k} = x_{i,j,k+1} - T_{m,m_{i,j,k+1}}$, $\tilde{x}_{ijk} = \tilde{y}_{i,j,k} - p_{i,j,k}^{B}$。

步骤 7:更新与操作 $o_{i,j,k}$ 属于同一个炉次的其他操作的开工时间和完工时间如下。

①若 $o_{i,j,k}$ 属于正在加工炉次批次 $\Omega_1$ 的操作,则 $\tilde{x}_{i,j,k_1+1} = \tilde{y}_{i,j,k_1} + T_{m_{i,j,k_1},m_{i,j,k_1+1}}$,其中 $k_1 = k, k+1, \cdots, \varepsilon_{ij}$;$\tilde{y}_{i,j,k_1+1} = \tilde{x}_{i,j,k_1+1} + p_{i,j,k_1+1}^{B}$,$k_1 = k, k+1, \cdots, \varepsilon_{i,j}$。

②若 $o_{i,j,k}$ 属于未开工炉次批次 $\Omega_2$ 的操作,则 $\tilde{y}_{i,j,k_1-1} = x_{i,j,k_1} - T_{m_{i,j,k_1-1},m}$,其中 $k_1 = k, k-1, \cdots, 2$;$\tilde{x}_{i,j,k_1-1} = \tilde{y}_{i,j,k_1-1} - p_{i,j,k_1-1}^{B}$,$k_1 = k, k-1, \cdots, 2$。

步骤 8:算法结束。

(3)基于甘特图编辑和启发式的炉次处理时间人机交互调整算法。

基于甘特图编辑和启发式的炉次处理时间人机交互调整是指调整炉次在设备上的加工时间,即将炉次的某一操作的加工时间进行延长或缩短处理,以追求炉次加工等待时间达到最小。上述情况需要满足以下约束:炉次在设备上的加工时间必须在其允许的加工时间范围内;当炉次在设备上已完工时,其开工时间和完工时间不能再进行改变。

将炉次在设备上的加工时间进行调整后,会导致操作在调整后的开工时间和完工时间变化。为了满足"按照生产工艺路径规定的先后顺序加工炉次"的约束,需要调整炉次在设备上的加工时间之后,对操作的开工时间和完工时间进行调整。根据炉次分批的不同,属于正在加工批次 $\Omega_1$ 中的炉次,调整操作加工时间后,需对属于同一个炉次的该操作之前的操作进行开工时间和完工时间的更新;属于未开工批次 $\Omega_2$ 中的炉次,调整操作加工时间后,需对属于同一个炉次的该操作之后的操作进行开工时间和完工时间的更新。基于甘特图编辑和启发式的炉次加工时间人机交互调整约束联动算法如下。

步骤 1:获取操作 $o_{i,j,k}$ 的所属的加工设备类型 $\sigma_{i,j,k}^{0}$、所在的加工设备 $z_{i,j,k}^{m}$、加工状态 $\beta_{i,j,k}$。

步骤 2:获取需要进行处理时间调整的操作 $o_{i,j,k}$。

步骤 3:若操作 $o_{i,j,k}$ 已完工,即 $\beta_{i,j,k} = 2$,则不允许对 $o_{i,j,k}$ 调整处理时间,以满足式(3.9)、式(3.10)的约束,转至步骤 8;否则继续下一步。

步骤4:将操作 $o_{i,j,k}$ 处理时间调整为 $p_{i,j,k}^{\times}$。

步骤5:若 $p_{i,j,k}^{\times} < p_{i,j,k}^{L}$ 或者 $p_{i,j,k}^{\times} > p_{i,j,k}^{U}$,则不允许对 $o_{i,j,k}$ 调整处理时间,以满足式(3.8)的约束,转至步骤8;否则继续下一步。

步骤6:计算操作 $o_{i,j,k}$ 在设备 $m$ 上的开工时间和完工时间如下。

① 若 $o_{i,j,k}$ 属于正在加工炉次批次 $\Omega_1$ 的操作,则 $\tilde{x}_{i,j,k} = x_{i,j,k}$,$\tilde{y}_{i,j,k} = x_{i,j,k} + p_{i,j,k}^{\times}$。

② 若 $o_{i,j,k}$ 属于未开工炉次批次 $\Omega_2$ 的操作,则 $\tilde{y}_{i,j,k} = y_{i,j,k}$,$\tilde{x}_{i,j,k} = \tilde{y}_{i,j,k} - p_{i,j,k}^{\times}$。

步骤7:更新与操作 $o_{i,j,k}$ 属于同一个炉次的其他操作的开工时间和完工时间如下。

① 若 $o_{i,j,k}$ 属于正在加工炉次批次 $\Omega_1$ 的操作,则 $\tilde{x}_{i,j,k_1+1} = \tilde{y}_{i,j,k_1} + T_{m_{i,j,k_1},m_{i,j,k_1+1}}$,其中 $k_1 = k, k+1, \cdots, \varepsilon_{ij}$;$\tilde{y}_{i,j,k_1+1} = \tilde{x}_{i,j,k_1+1} + p_{i,j,k_1+1}^{B}$,$k_1 = k, k+1, \cdots, \varepsilon_{i,j}$。

② 若 $o_{i,j,k}$ 属于未开工炉次批次 $\Omega_2$ 的操作,则 $\tilde{y}_{i,j,k_1-1} = x_{i,j,k_1} - T_{m_{i,j,k_1-1},m}$,其中 $k_1 = k, k-1, \cdots, 2$;$\tilde{x}_{i,j,k_1-1} = \tilde{y}_{i,j,k_1-1} - p_{i,j,k_1-1}^{B}$,$k_1 = k, k-1, \cdots, 2$。

步骤8:算法结束。

## 3.3 基于线性规划的炉次开工和完工时间调整

经过基于人机协同的炉次加工设备调整后,炉次在同一台设备上加工,可能存在作业时间的冲突,因此设计了基于线性规划的炉次开工和完工时间调整方法。

(1)已知条件。

基于线性规划的炉次开工和完工时间调整时需要满足如下要求。

①同一浇次中相邻炉次在连铸机上连续浇铸约束。

②同一台设备上加工的相邻炉次之间不能出现作业时间冲突。

③每个浇次所在的连铸机必须是调度计划中指定的连铸机。

④同一浇次内炉次的浇铸顺序必须满足调度计划中浇次内的炉次浇铸顺序。

⑤炉次加工的各个工序必须按照调度计划中生产工艺路径规定的前后顺序依次进行加工。

⑥炉次在各个工序必须按照设定的加工设备上进行加工。

⑦炉次加工时间按人机交互调整后的加工时间或标准时间进行调整,需要进

行模式选择。

⑧炉次在设备上的加工时间在限定范围内。

⑨炉次在已完工或者正在加工工序的加工设备在调整时不能进行改变。

⑩炉次在已完工或者正在加工工序的开工时间调整时不能进行改变。

⑪炉次在已完工工序的完工时间在调整时不能进行改变。

⑫炉次在未开工工序的开工时间和完工时间必须大于重调度时间。

⑬炉次在正在加工工序的完工时间必须大于重调度时间。

（2）性能指标。

所有炉次工序间总等待时间要尽量的小，如式（3.1）。

（3）约束条件。

①同一浇次中相邻炉次在连铸机上必须连续浇铸。

$$\tilde{x}_{i,j+1,\varepsilon_{i,j+1}} = \tilde{y}_{i,j,\varepsilon_{i,j}}, L_{i,j}, L_{i,j+1} \in \Omega \tag{3.14}$$

②按照生产工艺路径规定的先后顺序加工炉次。

$$\tilde{x}_{i,j,k} - \tilde{y}_{i,j,k-1} - T_{m_{i,j,k-1},m_{i,j,k}} \geqslant 0, L_{i,j} \in \Omega; k = 2, \cdots, \varepsilon_{i,j} \tag{3.15}$$

③炉次在同一台设备上加工的作业时间不能冲突。

设备 $m$ 上的炉次顺序集合，$\Theta_m = \{\rho_m^1, \cdots, \rho_m^l, \cdots, \rho_m^q\}$，其中 $\rho_m^1$ 为设备 $m$ 加工的第 1 个操作；$\rho_m^l$ 为设备 $m$ 加工的第 $l$ 个操作；$\rho_m^q$ 为设备 $m$ 加工的第 $q$ 个操作。令 $I(\rho_m^l)$ 为设备加工的第 $l$ 个操作所属的浇次号；$J(\rho_m^l)$ 为设备加工的第 $l$ 个操作所属浇次 $I(\rho_m^l)$ 的炉次号；$K(\rho_m^l)$ 为设备加工的第 $l$ 个操作所属浇次 $I(\rho_m^l)$ 中的炉次 $J(\rho_m^l)$ 的操作号。

$$x_{I(\rho_m^{l+1}),J(\rho_m^{l+1}),K(\rho_m^{l+1})} - y_{I(\rho_m^l),J(\rho_m^l),K(\rho_m^l)} \geqslant 0, L_{I(\rho_m^l),J(\rho_m^l)} \in \Omega \tag{3.16}$$

④炉次在设备上的处理时间约束。

炉次在设备上的加工时间分为设定加工时间 $p_{i,j,k}^{\times}$ 和区间加工时间 $[p_{i,j,k}^L, p_{i,j,k}^U]$，在模型中通过模式参数 $\zeta_{i,j,k}^m$ 来控制，$\zeta_{i,j,k}^m = 1$ 表示炉次 $L_{i,j}$ 在设备 $m$ 上的加工时间取设定加工时间 $p_{i,j,k}^{\times}$；$\zeta_{i,j,k}^m = 0$ 表示炉次 $L_{i,j}$ 在设备 $m$ 上的加工时间在区间 $[p_{i,j,k}^L, p_{i,j,k}^U]$ 范围内。

$$\tilde{y}_{i,j,k} - \tilde{x}_{i,j,k} \geqslant \zeta_{i,j,k}^m p_{i,j,k}^{\times} + (1 - \zeta_{i,j,k}^m) p_{i,j,k}^L, L_{i,j} \in \Omega, k = 1, \cdots, \varepsilon_{i,j} \tag{3.17}$$

$$\tilde{y}_{i,j,k} - \tilde{x}_{i,j,k} \leqslant \zeta_{i,j,k}^m p_{i,j,k}^{\times} + (1 - \zeta_{i,j,k}^m) p_{i,j,k}^U, L_{i,j} \in \Omega, k = 1, \cdots, \varepsilon_{i,j} \tag{3.18}$$

⑤炉次在已经加工结束的工序上的开工时间和完工时间约束。

当炉次在设备上已完工时,其开工时间和完工时间不能再进行改变,其值等于调度计划中的开工时间和完工时间,即

$$\tilde{x}_{i,j,k} = x_{i,j,k}, L_{i,j} \in \Omega, k = 1, \cdots, \varepsilon_{i,j} - 2, \beta_{i,j} = 2 \qquad (3.19)$$

$$\tilde{y}_{i,j,k} = y_{i,j,k}, L_{i,j} \in \Omega, k = 1, \cdots, \varepsilon_{i,j} - 2, \beta_{i,j} = 2 \qquad (3.20)$$

⑥炉次在正在加工的工序上的开工时间约束。

每个炉次正在加工的工序上的开工时间在重调度过程中不能进行改变,即

$$\tilde{x}_{i,j,k} = x_{i,j,k}, L_{i,j} \in \Omega, k = 1, \cdots, \varepsilon_{i,j} - 2, \beta_{i,j} = 1 \qquad (3.21)$$

⑦决策变量取值约束。

$$\tilde{x}_{i,j,k} \geq t_r, L_{i,j} \in \Omega, k = 1, \cdots, \varepsilon_{i,j}, \beta_{i,j,k} = 0 \qquad (3.22)$$

$$\tilde{y}_{i,j,k} \geq t_r, L_{i,j} \in \Omega, k = 1, \cdots, \varepsilon_{i,j}, \beta_{i,j,k} = 0,1 \qquad (3.23)$$

(4)决策变量。

决策变量为炉次在设备上的开工时间 $\tilde{x}_{i,j,k}$ 和完工时间 $\tilde{y}_{i,j,k}$。

(5)基于线性规划的炉次开工和完工时间调整模型。

建立如下炉次开工和完工时间模型(记为 $M1$):

$$\min J, J \text{ 为式}(3.1)$$

条件为式(3.14)~(3.23)

模型考虑了重调度时刻点,为单目标 LP 模型,采用标准的 LP 求解程序,可求得所有各个工序在加工设备上的开工时间 $\tilde{x}_{i,j,k}$ 和完工时间 $\tilde{y}_{i,j,k}$。

# 3.4　工业应用

炼钢—连铸生产动态调度软件系统是以某炼钢厂为实际应用背景,该炼钢厂调度主体设备包括三台 260 t 转炉(4LD、5LD、6LD)、六台精炼设备(5RH－1、5RH－2、3RH、LF－1、LF－2、IR_UT)、三台连铸设备(4CC、5CC、6CC)和三个重包位(4L₁、4L₂、4L₃),辅助设备有天车、台车、钢包扒渣、倾转台、钢包烘烤位等,其精炼方式包括一重精炼、二重精炼和三重精炼。

20 世纪 90 年代钢厂进行了三期建设,并形成了 4 级计算机网络,如图 3.3 所示为炼钢—连铸生产重调度系统硬件环境。L4 为综合管理系统;L3 为车间管理系

统,包括铁水管理系统、炼钢—连铸调度系统、热轧计划系统等,炼钢—连铸生产重调度软件系统功能结构如图 3.4 所示;L2 为过程监测与控制系统。炼钢—连铸生产动态调度软件系统服务器端使用的是 IBM AIX 5.3,客户端使用的是 Windows XP,数据库采用 Oracle 10g,开发工具包括 VC++6.0、Visual Prolog 5.2 和 PL-SQL。根据该公司网络建设的要求,采用客户机/服务的网络系统体系结构。

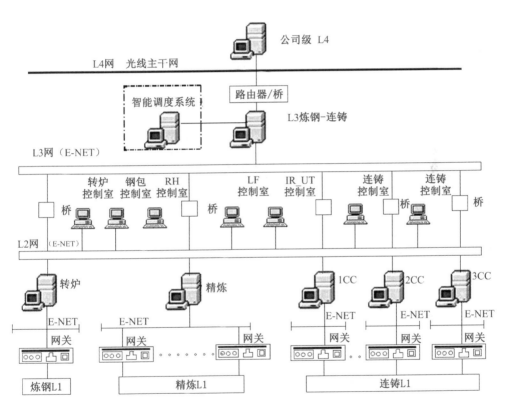

图 3.3　炼钢—连铸生产重调度系统硬件环境

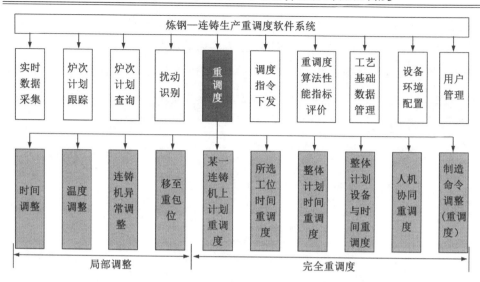

**图 3.4　炼钢—连铸生产重调度软件系统功能结构图**

（1）已知条件。

炉次在非连铸机设备上的标准加工时间、加工时间区间见表 3.1，设备间的运输时间见表 3.2。

**表 3.1　设备处理时间、加工时间区间表**　　　　　　　　　　min

| 设备 | LD 设备 | | RH 设备 | | LF 设备 | | IR_UT 设备 | |
| --- | --- | --- | --- | --- | --- | --- | --- | --- |
| | 标准 | 区间 | 标准 | 区间 | 标准 | 区间 | 标准 | 区间 |
| 处理时间 | 35 | [32,38] | 20 | [15,30] | 30 | [22,35] | 30 | [25,35] |

**表 3.2　设备间运输时间表**　　　　　　　　　　min

| 运输时间 | 4LD | 5LD | 6LD | 5RH−1 | 5RH−2 | 3RH | LF−1 | LF−2 | IR_UT | 4CC | 5CC | 6CC |
| --- | --- | --- | --- | --- | --- | --- | --- | --- | --- | --- | --- | --- |
| 4LD | 0 | 12 | 13 | 10 | 10 | 13 | 15 | 15 | 13 | 16 | 15 | 14 |
| 5LD | | 0 | 12 | 15 | 15 | 13 | 15 | 15 | 13 | 16 | 15 | 14 |
| 6LD | | | 0 | 15 | 15 | 13 | 15 | 15 | 13 | 16 | 16 | 15 |
| 5RH−1 | | | | 0 | 18 | 21 | 20 | 18 | 23 | 22 | 25 | 25 |
| 5RH−2 | | | | | 0 | 21 | 20 | 18 | 23 | 22 | 25 | 25 |
| 3RH | | | | | | 0 | 20 | 21 | 18 | 25 | 22 | 22 |
| LF−1 | | | | | | | 0 | 18 | 21 | 22 | 25 | 25 |
| LF−2 | | | | | | | | 0 | 23 | 22 | 25 | 25 |
| IR_UT | | | | | | | | | 0 | 25 | 22 | 22 |
| 4CC | | | | | | | | | | 0 | 16 | 16 |
| 5CC | | | | | | | | | | | 0 | 13 |
| 6CC | | | | | | | | | | | | 0 |

炉次在连铸机上的加工时间需要进行计算。相关参数包括炉次的钢水总质量,炉次在连铸机上浇铸成的板坯平均厚度,炉次在连铸机上加工时的奇流板坯、偶流板坯的平均左、右宽度,连铸机加工的拉速。

当炉次 $L_{i,j}$ 为浇次的第一炉时,浇铸时间(min)为

$$p_{i,j,\varepsilon_{i,j}} = \frac{\omega_{i,j} \times 10^6}{\alpha_{i,j} \times \dfrac{\zeta_{i,j}^1 + \zeta_{i,j}^2}{2} \times 7.8 \times 2 \times (v_{i,j} - 0.2)} \qquad (3.24)$$

式中,$\omega_{i,j}$ 为炉次的钢水总质量,$t$;$\alpha_{i,j}$ 为炉次在连铸机上浇铸成的板坯的平均厚度,mm;$\zeta_{i,j}^1$、$\zeta_{i,j}^2$ 分别为炉次在连铸机上加工时的奇流板坯、偶流板坯的平均左、右宽度,mm;$v_{i,j}$ 为连铸机加工的拉速,m/min。

当炉次 $L_{i,j}$ 不是浇次的第 1 炉时,浇铸时间为

$$p_{i,j,\varepsilon_{i,j}} = \frac{\omega_{i,j} \times 10^6 - \alpha_{i,j} \times 31.2 \times (\zeta_{i,j}^1 + \zeta_{i,j}^2 + \zeta_{i,j-1}^1 + \zeta_{i,j-1}^2)}{\alpha_{i,j} \times \dfrac{\zeta_{i,j}^1 + \zeta_{i,j}^2 + \zeta_{i,j-1}^1 + \zeta_{i,j-1}^2}{2} \times 7.8 \times 2 \times (v_{i,j} - 0.2)} + \frac{8}{v_{i,j} - 0.2}$$

$$(3.25)$$

炉次在连铸机上浇铸时的拉速包括允许最小拉速、标准拉速、允许最大拉速,与之相对应的也存在着允许最大加工时间、标准加工时间和最小加工时间。

(2)时间大延迟程度下重调度。

调度计划信息:4CC 上浇次 $\Omega_1 = \{L_{1,1}, L_{1,2}, L_{1,3}, L_{1,4}, L_{1,5}, L_{1,6}, L_{1,7}\}$;浇次 2 在 5CC 上浇铸,$\Omega_2 = \{L_{2,1}, L_{2,2}, L_{2,3}, L_{2,4}, L_{2,5}, L_{2,6}, L_{2,7}, L_{2,8}\}$;浇次 3 在 6CC 上浇铸,$\Omega_3 = \{L_{3,1}, L_{3,2}, L_{3,3}, L_{3,4}, L_{3,5}, L_{3,6}\}$,其中炉次在连铸机设备上的加工时间见表 3.3。

表3.3　炉次在连铸机上的处理时间　　　　　　　　　　　　　min

| 炉次操作 | $O_{1,1,3}$ | $O_{1,2,3}$ | $O_{1,3,3}$ | $O_{1,4,3}$ | $O_{1,6,3}$ | $O_{1,7,3}$ | $O_{2,1,3}$ | $O_{2,2,3}$ | $O_{2,3,3}$ | $O_{2,4,3}$ |
|---|---|---|---|---|---|---|---|---|---|---|
| 最小处理时间 | 45 | 45 | 45 | 50 | 45 | 40 | 45 | 45 | 50 | 45 |
| 标准处理时间 | 48 | 48 | 49 | 58 | 46 | 42 | 46 | 46 | 50 | 50 |
| 最大处理时间 | 60 | 60 | 61 | 70 | 60 | 60 | 60 | 60 | 65 | 65 |
| 炉次操作 | $O_{2,5,3}$ | $O_{2,6,3}$ | $O_{2,7,3}$ | $O_{2,8,3}$ | $O_{3,1,3}$ | $O_{3,2,3}$ | $O_{3,3,3}$ | $O_{3,4,3}$ | $O_{3,5,3}$ | $O_{3,6,3}$ |
| 最小处理时间 | 45 | 50 | 45 | 45 | 60 | 60 | 60 | 60 | 60 | 60 |
| 标准处理时间 | 50 | 55 | 52 | 54 | 74 | 74 | 76 | 76 | 76 | 77 |
| 最大处理时间 | 65 | 70 | 67 | 70 | 85 | 85 | 85 | 85 | 85 | 85 |

图 3.5 所示为调度计划进行到时刻 $t_2$ 的情况,炉次 $L_{2,4}$ 在转炉 5LD 上的操作 $O_{2,4,1}$ 的加工开始时间延迟了 20 min,导致如下的问题:①在转炉 5LD 上,操作 $O_{2,4,1}$ 与 $O_{2,5,1}$ 产生了 5 min 的作业冲突时间;②炉次 $L_{2,4}$ 的操作 $O_{2,4,2}$ 和 $O_{2,4,3}$ 按照原来调度计划的加工时间已经不可行;③若炉次 $L_{2,4}$ 的操作 $O_{2,4,2}$ 和 $O_{2,4,3}$ 根据操作 $O_{2,4,1}$ 延迟后的时间进行后移,则会导致操作 $O_{2,4,3}$ 与 $O_{2,3,3}$ 出现连铸断浇,并且操作 $O_{2,4,3}$ 与 $O_{2,5,3}$ 会出现作业冲突。从上述分析可知,炉次 $L_{2,4}$ 的操作 $O_{2,4,1}$ 的加工开始时间延迟了 20 min 之后,对炉次 $L_{2,4}$ 本身的其他操作 $O_{2,4,2}$ 和 $O_{2,4,3}$,以及对其他炉次(如炉次 $L_{2,5}$)均产生了影响,因此需重调度快速、有效地对原调度计划进行调整,得到满意的可行调度计划。

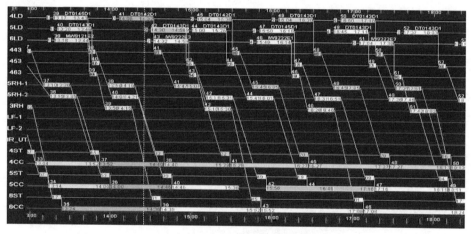

图 3.5　时刻 $t_2$ 出现扰动的调度计划

采用基于人机协同的炉次加工设备调整后的结果如图 3.6 所示,采用基于线性规划方法改进后重调度的炉次开工和完工时间的结果如图 3.7 所示。从图 3.6 所示的整个调度计划调整后的结果可以看出,调整之后的整个调度计划在设备上没有出现作业冲突,在连铸机上没有出现断浇,但是人工对整个计划的调整时间比较长,本案例用了约 5 min。调整之后的整个调度计划的等待时间性能指标为 0 min,处理时间性能指标为 40 min(所有炉次加工时间与其标准加工时间差的累积和)。图 3.6 中转炉、精炼炉上的加工时间设置为标准加工时间,优化后的重调度结果的等待时间性能指标为 0 min,处理时间性能指标为 30 min。

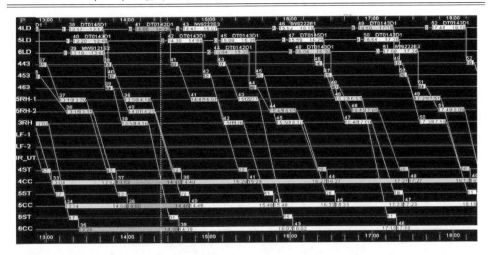

图 3.6 人机协同的炉次加工设备调整后的结果

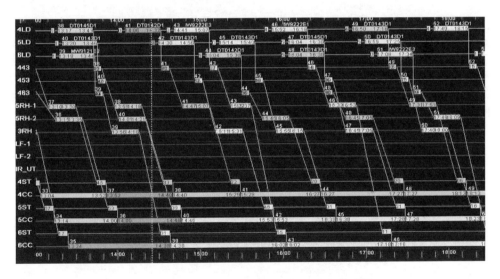

图 3.7 基于线性规划方法改进后的重调度计划

(3)某一炉次温度过低增加精炼工序进行升温处理。

炉次 36 的精炼 1 工序加工结束后温度过低,通过温度扰动下人机协同调整界面(图 3.8)添加精炼工序 LF−1,加工时间为 10 min。采用基于人机协同的炉次加工设备调整后的结果如图 3.9 所示,图中两炉次之间 3 min 间隔为采集信号的间隔,时间上为连续浇铸。采用基于线性规划的炉次开工和完工时间调整后的结果如图 3.10 所示,等待时间性能指标为 30 min,处理时间性能指标为 30 min。

| 钢号 | 炉1 | 炉2 | 包号 | 出钢PONO | 记号决定 | 机号 | 目标温度 | 精1 | 炼2 | 区3 | 分4 | 运行状态 | 测温状态 | 测温时间 | 温度上限 | 目标 | 下限 | 历时时间 | 实测温度 | 目测差 | 调整 |
|---|---|---|---|---|---|---|---|---|---|---|---|---|---|---|---|---|---|---|---|---|---|
| 33 | 4LD | | 263357 | DT0145D1 | | 4CC | 1628 | 5RH-2 | | | | 开浇始 | 排入计划 | | 1643 | 1628 | 1623 | 30 | | | |
| 34 | 6LD | | 263371 | DT0142D1 | | 6CC | 1634 | 3RH | | | | 开浇始 | 排入计划 | | 1649 | 1634 | 1629 | 30 | | | |
| 36 | 5LD | | 263311 | AQ1060H5 | | 5CC | 1633 | IR_UT | | | | | 排入计划 | | 1648 | 1633 | 1628 | 30 | | | |
| 35 | 6LD | | 263344 | DT0145D1 | | 4CC | 1628 | 5RH-2 | | | | 精1终 | 排入计划 | | 1643 | 1628 | 1623 | 1 | | | 精炼OB |
| 37 | 4LD | | 263266 | AN1651E5 | | 5CC | 1631 | IR_UT | | | | 精1始 | 排入计划 | | 1646 | 1631 | 1626 | 24 | | | |
| 38 | 5LD | | 262773 | AQ3440E1 | | | | | | | | | | | | | | 9 | | | |
| 39 | 6LD | | 263348 | DT0145D1 | | | | | | | | | | | | | | 3 | | | |
| 40 | 4LD | | 279957 | JU8820A6 | | | | | | | | | | | | | | 6 | | | |
| 41 | 5LD | | 262655 | AQ3440E1 | | | | | | | | | | | | | | | | | |
| 42 | 6LD | | 263369 | DT0142D1 | | | | | | | | | | | | | | | | | |
| 43 | 5LD | | 263291 | AQ1580D1 | | | | | | | | | | | | | | | | | |
| 44 | 6LD | | 263292 | AQ1580D1 | | 5CC | 1625 | IR_UT | | | | | 排入计划 | 排入计划 | 1640 | 1625 | 1620 | | | | |

精炼OB调整

| 钢号 | 运行状态 | 结束时间 | 目标温度 | 实测温度 | 目测差 | 增加精炼路径仓 | OB时间 |
|---|---|---|---|---|---|---|---|
| 36 | 精1终 | 2100 | 1628 | | | LF-1 | 10 |

✓ 调整确认　　⊗ 返回跟踪界面

图3.8　温度扰动下人机协同调整界面

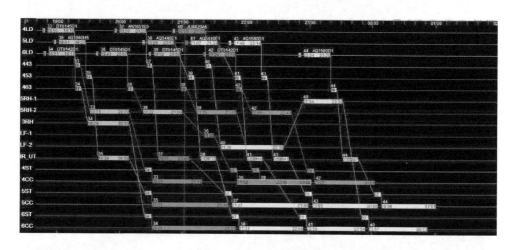

图3.9　基于人机协同的炉次加工设备调整后的结果

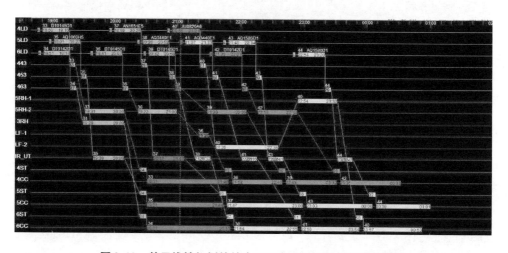

图3.10　基于线性规划的炉次开工和完工时间调整后的结果

（4）紧急炉次计划插入下的重调度。

因生产订单需要插入紧急炉次 45。首先，根据炉次的精炼区分和甘特图中生产设备占用情况，人工选择路径 5LD→ 5RH－2→ 4CC，兑铁水开始时间人工设定为 20:46，如图 3.11 所示；然后，根据生产时间、运输时间参数，由甘特图编辑软件系统自动计算出炉次 45 计划的每个工位的开始和完成时间，此时在某些设备上可能与原生产调度计划中的炉次存在加工时间冲突或在连铸机上断浇；最后，采用基于线性规划的炉次开工和完工时间调整后的结果如图 3.12 所示。

图 3.11 紧急炉次计划插入界面

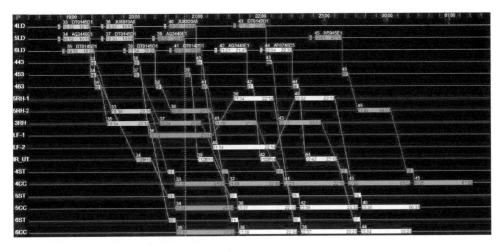

图 3.12 基于线性规划的炉次开工和完工时间调整后的结果

将研发的重调度软件应用于具有三台转炉、六台精炼炉、三台连铸机、多重精炼方式的大型钢铁集团的炼钢—连铸生产线,运行结果表明重调度操作灵活方便,显著提高了重调度效果:①重调度算法使得炉次加工日平均等待时间从 234 min 降低至 166 min,日平均设备负荷率从 50.44% 上升到 55.16%,从而进一步使得 30 天的加工炉次数量由原来的平均 1 980 个增加到平均 2 040 个,大大提高了生产效率。②重调度时间从原来的 1 min 以上缩短至 10 s 以内,提高了重调度效率。

# 3.5　本章小结

本章针对炼钢—连铸生产过程中会出现因某一炉次温度过低而需要增加精炼工序进行升温处理、紧急炉次计划插入等扰动下的炼钢—连铸生产重调度问题,为了使调度人员可以凭借经验干预优化过程,提出由基于人机协同的炉次加工设备调整、基于线性规划的炉次开工和完工时间调整两部分组成的人机协同重调度策略,并给出了各部分的调度算法。采用所提的人机协同生产重调度方法,设计、开发了相应重调度子系统并应用于实际生产调度过程。通过工业应用案例表明,所提出的调度算法能够配合调度员快速有效地对调度方案进行优化,获得更优的调度解,降低了炉次在各工序设备间的等待时间,提高了生产效率。

# 第4章 炼钢—连铸过程运输设备天车调度方法

本章针对炼钢生产中容易出现天车不能及时到位,使得编制好的生产作业计划不能及时在相应的生产设备上生产,而影响生产设备调度计划执行的问题,建立了炼钢—连铸天车调度性能指标、约束条件的数学模型,研究了基于启发式的炼钢—连铸天车调度方法。同时提出了天车运行路径冲突解消算法,编制天车运行调度计划;采用 AHP 模糊评价方法验证天车调度的运行效果;开发了炼钢—连铸运输设备天车调度系统。

## 4.1 问题描述

炼钢厂工艺及生产设备与运输设备布局,如图 4.1 所示。炼钢—连铸生产需要依次进行冶炼、精炼和连铸三个阶段的加工。冶炼阶段有多台转炉,有单联冶炼或双联冶炼两种方式;精炼阶段有多台、多种精炼炉,并且有多种不同的精炼组合方式,有一重或多重精炼;连铸阶段有多台连铸机。首先,钢包到转炉接收钢水后,由天车吊起钢包并将其放在接收钢水的台车上,由台车开进相应的精炼设备进行精炼,有的钢水走一个精炼设备,有的走两个精炼设备甚至三个精炼设备。精炼结束后,台车开出精炼设备并由对应的天车吊起运送钢水包到连铸前的回转台,然后将其钢水倒入中间包中。中间包的钢水经过结晶器流入连铸机浇铸成对应的板坯。由于钢包包底有残渣,需要将渣底清除,所以天车需将浇铸完的钢包运到倒渣工位。接着天车将钢包运到倾转台,并对钢包进行检修。整个过程中,转炉、精炼和连铸机是固定不动的,炉次在其生产调度中空间位置的转移是通过天车、台车和钢包设备作业实现的,整个生产调度过程是生产批调度和运输设备调度相协同的

71

二维时空优化问题。

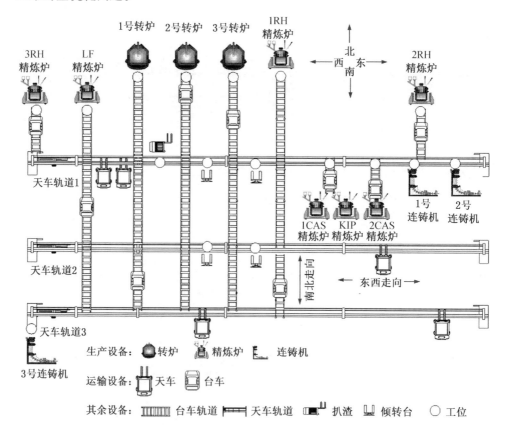

图4.1　炼钢厂工艺及生产与运输设备分布示意图

在编制炼钢—连铸过程生产设备调度计划时,为了简化所要解决问题,假设运输设备(天车、台车和钢包设备)能力充足,不考虑其作为生产设备调度的约束条件,而是用人工估计的运输时间作为标准时间参数。其中运输设备台车的运输时间稳定(和距离有关),而运输设备天车的运输时间经常变化,导致实际生产过程中因天车运输时间变化而频发时间扰动。国内炼钢厂进行运输设备天车调度时,采用以人工经验和电话沟通等为有效手段的人工调度方式。因此,编制天车调度计划,协同调整生产设备调度计划,有益于提高整体计划的可行性。炼钢—连铸过程天车调度的任务是在尽量按原生产设备调度计划执行条件下,保证同一跨的天车轨道上同时运行两辆天车时,不发生运行冲突,如图4.2所示。天车调度的输入表就是生产设备调度计划表。

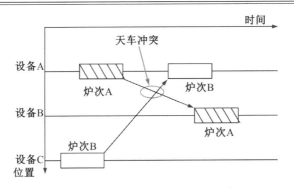

图 4.2　天车运行冲突

# 4.2　天车调度问题建模

天车调度以现场的天车空间分布、天车间安全距离、相邻天车运行状况、天车当前任务能否终止、重包(满载钢水的钢包)运输优先和空包被动运输为约束条件;为炉次的每一个运输区间决策出相应的天车号、天车运行方向和天车运行的开始/结束时间,编制出符合要求的天车运行调度计划。

天车调度问题需要确定的炉次在转炉、精炼炉及连铸机之间使用哪部天车运输,以及运输的开始时间和结束时间。为了描述天车调度问题,引入下列变量。

1. 索引与参数

$i,j,\theta,k$ 为浇次 $i$,炉次 $j$,工序 $\theta$(最后一个工序为 $\theta_{ij}$),设备 $k$。

$g$ 为设备类型,$g = 1, 2, 3, 4, 5, 6$ 为生产设备类,$g = 7$ 为钢包路径运输设备类,$g = 8$ 为天车运输设备类。

$C(k_8)$ 为天车 $k_8$ 运行冲突次数。

$P^t(k_8)$ 为天车 $k_8$ 在时刻 $t$ 的位置,炉次 $j$ 的第 $\theta$ 个工序由天车 $k_8$ 运输,$t = e_{j,\theta}$,则 $P^t(k_8) = a_{j,\theta}$;$t = s_{j,\theta+1}$,则 $P^t(k_8) = a_{j,\theta+1}$。

$R^{L}(k_8)$、$R^{U}(k_8)$ 为天车 $k_8$ 运行范围上、下线。

$tu(k_8)$ 为天车 $k_8$ 运输炉次的时间。

$ta(k_8)$ 为天车 $k_8$ 总运行时间。

$Lo_{k_7}(k_8)$ 为选择钢包路径 $k_7$ 使用天车 $k_8$ 的最大载重负荷。

$Lo_{i,j}$ 为炉次 $j$ 满载钢水的质量。

$ST_{i,j,\theta}$ 为炉次 $j$ 的第 $\theta$ 工序在生产设备上的开始时间,由生产设备调度计划给出。

$ET_{i,j,\theta}$ 为炉次 $j$ 的第 $\theta$ 工序在生产设备上的完工时间,由生产设备调度计划给出。

$T_{j,\theta}$ 为炉次 $j$ 的第 $\theta$ 工序在生产设备上的加工时间。

$Te(k_7)$ 为炉次 $j$ 的钢包运输开始时的温度。

$Te_{i,j}^{d}(k_7)$ 为炉次在钢包路径上被运输时温度下降值。

$\Delta Te^{d}$ 为钢水运输时,单位时间内温度下降值。

$Te_{\min}$ 为工艺对炉次钢包温度要求的下限。

$Te_{\max}$ 为工艺对炉次钢包温度要求的上限。

$l(k_7)$ 为钢包路径的长度,即运输设备台车和天车的运输钢包的总长度。

$v(k_8)$ 为天车 $k_8$ 的标准运行速度,并假设台车运行速度也为 $v(k_8)$。

$d(k_8)$ 为天车 $k_8$ 吊起或放下钢包所花费的时间。

$a_{j,\theta}$,$a_{j',\theta'}$ 分别为炉次 $j$ 第 $\theta$ 工序的生产设备位置、炉次 $j'$ 第 $\theta'$ 工序的生产设备位置。

$Tr(a,b)$ 为天车从位置 $a$ 到位置 $b$ 的运行时间。

$\delta$ 为两天车运行过程的安全距离,炼钢厂天车安全距离 $\delta = 16\ \mathrm{m}$。

$V$ 为按照各炉次的转炉加工结束时间递增顺序,给定的天车调度分配的初始解集合。

$q$ 为 $V$ 集合的索引。

$Q$ 为考虑天车运行冲突后,完成时间被推迟了的工序集合。

$O_{j,\theta}$ 为炉次 $j$ 的第 $\theta$ 个工序的操作。

$s_{j,\theta}$ 为加工完工序 $\theta$ 需要运输炉次到下一工序,天车运输的开始时间。

$e_{j,\theta+1}$ 为加工完工序 $\theta$ 需要运输炉次到下一工序,天车运输炉次到达时间。

$s_{j',\theta'}^{*}$ 为解消天车冲突后,加工完工序 $\theta'$ 运输炉次到下一工序,天车运输的开始时间。

$e_{j',\theta'+1}^{*}$ 为解消天车冲突后,加工完工序 $\theta'$ 运输炉次到下一工序,天车运输炉次到达时间。

$a_{j,\theta}^{*}$ 为解消天车冲突后,天车运行的开始位置。

$\vartheta_{i,\theta}$ 为炉次 $i$ 的最大工序号。

$RST_{j,\theta}$ 为重新计算工序 $\theta$ 所在生产设备上加工开始时间。

$RET_{j,\theta}$ 为重新计算工序 $\theta$ 所在生产设备上加工结束时间。

$Y_{j,\theta}^{t}(k_8)$ 为天车 $k_8$ 在 $t$ 时刻正在进行运输任务时为 1,否则为 0。

2. 决策变量

$x_{i,j}(k_{g(\theta)},k_{g(\theta+1)})$ 为炉次从 $\theta$ 工序到 $\theta+1$ 工序过程中,天车运输炉次的开始时间。

$c_{i,j}(k_{g(\theta)},k_{g(\theta+1)})$ 为炉次从 $\theta$ 工序到 $\theta+1$ 工序过程中,天车运输炉次的结束时间。

$y_{i,j}(k_8)$ 为天车设备指派变量,每一个运输任务被分配给一台天车运输,加工完成后运输时为 1,否则为 0。

3. 性能指标

(1)天车 $k_8$ 运输炉次从第 $\theta$ 个工序到 $\theta+1$ 个工序加工设备之间运输时间尽可能小。

$$\min J_1 = \{c_{i,j}(k_{g(\theta)},k_{g(\theta+1)}) - x_{i,j}(k_{g(\theta)},k_{g(\theta+1)})\} \tag{4.1}$$

(2)天车相互避让次数最小。

当同一跨的天车 $k_8$ 与天车 $k_8'$ 间距离小于最小安全距离 $\delta$ 时,需要采取避让措施避免冲突。天车相互避让次数最小,不能发生生产事故。

$$\min J_2 = C(k_8) \tag{4.2}$$

其中,IF $|P^t(k_8) - P^t(k_8')| < \delta$ THEN $C(k_8) = C(k_8) + 1$。

(3)天车调度需要最大化天车的运行效率。

为了避免承载钢水的钢包在设备间转换带来的额外能耗,需要最大化天车的运行效率,即天车 $k_8$ 运输时间与天车 $k_8$ 总运行时间的比值。

$$\max J_3 = \{tu(k_8)/ta(k_8)\} \tag{4.3}$$

4. 约束条件

(1)天车载重约束。

满载钢水的钢包最大质量为 450 t,空包的质量为 150 t,现场不同的运输天车的负荷能力是不同的,并且现场同一(钢包)路径的不同天车的负荷能力是不同的,天车调度制要满足天车载重的约束要求。炉次 $j$ 选择钢包路径 $k_7$ 的使用天车 $k_8$,天车 $k_8$ 载重负荷要大于炉次 $j$ 满载钢水的质量。

$$Lo_{k_7}(k_8) > Lo_{i,j} \tag{4.4}$$

(2)天车运输时间约束。

天车调度运输时间必须满足生产设备调度计划的要求。炉次 $j$ 从第 $\theta$ 工序到 $\theta+1$ 工序之间天车运输开始时间 $x_{i,j}(k_{g(\theta)},k_{g(\theta+1)})$ 和结束时间 $c_{i,j}(k_{g(\theta)},k_{g(\theta+1)})$ 必须在生产设备的第 $\theta$ 工序结束时间和 $\theta+1$ 工序的开始时间之间。

$$ET_{i,j,\theta} \leq x_{i,j}(k_{g(\theta)},k_{g(\theta+1)}) \leq ST_{i,j(\theta+1)}, 1 \leq \theta \leq \vartheta_{i,j}-1 \tag{4.5}$$

$$ET_{i,j,\theta} \leq c_{i,j}(k_{g(\theta)},k_{g(\theta+1)}) \leq ST_{i,j(\theta+1)}, 1 \leq \theta \leq \vartheta_{i,j}-1 \tag{4.6}$$

$$x_{i,j}(k_{g(\theta)},k_{g(\theta+1)}) \leq c_{i,j}(k_{g(\theta)},k_{g(\theta+1)}), 1 \leq \theta \leq \vartheta_{i,j}-1 \tag{4.7}$$

(3)天车运输安全距离约束。

为保证安全,两相邻天车在安全运行中所要保持的最小距离。

$$|P^t(k_8) - P^t(k'_8)| \geq \delta, P^t(k_8), P^t(k'_8) \in (R^L(k_8), R^U(k_8)) \tag{4.8}$$

(4)天车运输位置约束。

天车 $k_8$ 在一个单位时间内运行时,天车在运行位置上要满足约束。

$$P^t(k_8) + v(k_8) \geq P^{t+1}(k_8) \geq P^t(k_8) - v(k_8) \tag{4.9}$$

式中,$R^L(k_8) \leq P^t(k_8) \leq R^U(k_8)$。

(5)钢包温降约束。

炼钢—精炼—连铸生产中,钢包在不同生产设备间运输会造成温度损失。温度降低到工艺规定的范围之外,就不得不增加冶炼时间或 $OB$(增加精炼路径)提升温度,严重的还会导致整炉钢水报废。保证炉次 $j$ 在运输时钢包的温度下降值 $Te_{i,j}^d(k_7) = \Delta Te^d \cdot (l(k_7)/v(k_8)+2d(k_8))$ 在限定范围之内。

$$Te_{min} \leq Te(k_7) - Te_{i,j}^d(k_7) \leq Te_{max} \tag{4.10}$$

(6)炉次在连铸前最大冗余等待时间约束。

考虑运输过程中钢水温降,对于任意一个炉次在浇铸设备前的冗余等待时间不能超过 10 min。

$$c_{i,j}(k_{g(\theta_{i,j}-1)},k_6) - x_{i,j}(k_{g(\theta_{ij}-1)},k_6) - (l(k_7)/v(k_8)+2d(k_8)) \leq 10 \tag{4.11}$$

(7)天车分配约束。

在炼钢—精炼—连铸生产车间的某一运输跨上,若两台天车在同一运行轨道上进行各自的运输任务,每一个运输任务分配给一个天车,同时一个天车最多处理一个炉次的运输任务。

$$\sum y_{i,j,\theta}(k_8) = 1, \sum Y_{j,\theta}^t(k_8) \leqslant 1 \qquad (4.12)$$

5. 决策变量

天车调度是在生产设备调度计划的基础上,以天车运输时间最短、天车相互避让次数最小、天车运行效率最大为性能指标;以天车载重大于满载钢水的钢包质量、天车运输任务时间在炉次计划规定时间范围内、两部天车间距离大于安全距离、天车运输钢水的温降不超过炉次工艺规定温度范围为约束条件;为炉次的每一个运输区间决策出相应的天车,编制出符合现场要求的天车运行调度计划。因此,天车调度决策为天车设备变量 $y_{i,j,\theta}(k_8)$、作业开始时间 $x_{i,j}(k_{g(\theta_{i,j}-1)}, k_6)$ 和结束时间 $c_{i,j}(k_{g(\theta_{i,j}-1)}, k_6)$。

# 4.3　天车运行调度方法

## 4.3.1　天车冲突解消策略

天车调度前,每个炉次的各工序加工开始时间、加工时间和加工设备已知,天车调度要解决天车的运行冲突问题,根据考虑生产设备调度计划约束条件制订相应的天车调度计划。

天车调度过程中最显著的特点就是在两台天车运行过程中出现的路径冲突现象,在同一时间段内的运行方向相反。为了便于研究天车调度中相邻天车(假设为天车 $k_8$ 和天车 $k_8'$)之间的冲突问题,做如下假设。

①天车 $k_8$ 始终在天车 $k_8'$ 的左侧。

②天车 $k_8$ 被分配进行炉次 $j$ 工序 $\theta$ 与工序 $\theta+1$ 间的运输任务,天车 $k_8'$ 被分配进行炉次 $j'$ 工序 $\theta'$ 与工序 $\theta'+1$ 间的运输任务。

③为了避免冲突,在天车 $k_8$ 运输完成后,计算天车 $k_8'$ 的任务开始时间和结束时间。

④在天车 $k_8'$ 的开始时间之前不会发生任何冲突。

有两种天车冲突解消策略,描述如下。

（1）天车 $k'$ 停在原位置不动，改变运行的开始时间，如图 4.3 所示。

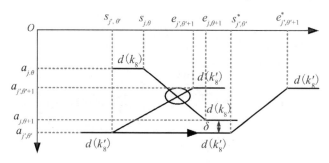

**图 4.3　一台天车停止时冲突解消策略**

①两天车运行过程间距需要大于安全中距离。

$$a_{j',\theta'} \geqslant a_{j,\theta+1} + \delta \qquad (4.13)$$

②解消冲突后，天车 $k'$ 可以开始进行运输的时间。

$$s_{j',\theta'}^* = e_{j,\theta+1} + d(k'_8) - (a_{j',\theta'} - (a_{j,\theta+1} + \delta))/v(k'_8) \qquad (4.14)$$

（2）天车 $k'$ 运动，并改变运行的开始时间，如图 4.4 所示。

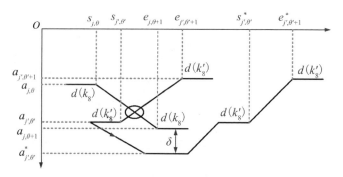

**图 4.4　两台天车运行时冲突解消策略**

①天车 $k'$ 运行过程在 $a_{j',\theta'}$ 存在冲突。

$$a_{j',\theta'} < a_{j,\theta+1} + \delta \qquad (4.15)$$

②天车 $k'$ 移向 $a_{j',\theta'}^*$，然后再返回 $a_{j',\theta'}$。

$$a_{j',\theta'}^* = a_{j,\theta+1} + \delta \qquad (4.16)$$

③解消冲突后，天车 $k'$ 可以开始进行运输的时间。

$$s_{j',\theta'}^* = e_{j,\theta+1} + d(k'_8) + (a_{j',\theta'}^* - a_{j',\theta'})/v(k'_8) + d(k'_8) \qquad (4.17)$$

## 4.3.2　调度算法

首先,根据松弛约束式(4.11),天车调度算法设计如下。

步骤 1:按照各炉次的转炉加工结束时间递增给定的天车调度分配的初始解集合 $V$。

步骤 2:从 $V$ 中选择最早的天车运行调度操作 $q$,随机选择一部天车 $k_8$,满足式(4.4)~(4.10)。

步骤 3:计算下一工序的开始时间 $RST_{j,\theta+1}$,

$$RST_{j,\theta+1} = ET_{ij\theta} + Tr(a_{j\theta}, a_{j,\theta+1})$$

步骤 3.1:根据同一轨道上天车 $k'_8$ 与其相邻天车 $k_8$ 的运行时间,判断两天车是否发生冲突。

步骤 3.2:如果发生天车冲突,利用式(4.13)~(4.17)进行天车冲突解消,转到步骤 3.1;如果没有冲突,转到步骤 4。

步骤 4:如果 $RST_{j,\theta+1} \neq ST_{i,j,\theta+1}$,考虑约束式(4.5)、(4.6),通过步骤 4.1~4.5 调整当前时间以后的所有工序的加工开始和完成时间;否则转步骤 5。

步骤 4.1:如果 $RST_{j,\theta+1} < ST_{i,j,\theta+1}$,重新计算 $\theta+1$ 工序的完成时间,然后转到 Step5。

$$RET_{j,\theta+1} = RST_{j,\theta+1} + T_{j,\theta+1} + 2d(k_8)$$

步骤 4.2:如果 $RST_{j,\theta+1} > ST_{i,j,\theta+1}$,初始化 $Q$,令 $Q \leftarrow Q + \{O_{j,\theta+1}\}$。

步骤 4.3:按照工序完成时间的升序对 $Q$ 进行排序。如果 $Q$ 的第一个元素为 $O_{j\theta}$,重新计算 $\theta+1$ 工序 $RST_{j,\theta+1}$ 与 $RET_{j,\theta+1}$ 利用下面两个公式。否则转步骤 4.5。

$$RST_{j,\theta+1} = RET_{j,\theta} + Tr(a_{j,\theta}, a_{j,\theta+1})$$

$$RET_{j,\theta+1} = RST_{j,\theta+1} + T_{j,\theta+1} + 2d(k_8)$$

步骤 4.4:如果 $RET_{j,\theta+1} > ET_{i,j,\theta+1}$,令 $Q \leftarrow Q + \{O_{j,\theta+1}\}$。如果在相同设备上,操作 $O_{j,\theta+1}$ 与下一加工操作 $Q_{uv}$ 相冲突,通过下面的公式进行冲突解消。并且令 $Q \leftarrow Q + \{Q_{uv}\}$。

$$RST_{u,v} = RET_{j,\theta+1}$$

$$RET_{u,v} = RST_{u,v} + T_{u,v} + 2d(k_8)$$

步骤 4.5:令 $Q \leftarrow Q - \{O_{j,\theta}\}$。如果 $Q = \varphi$ 转步骤 5;否则转到步骤 4.3。

步骤 5:令 $V \leftarrow V - \{V_q\}$,$q \leftarrow q + 1$;$V \neq \varphi$ 转步骤 2;否则转到步骤 6。

步骤 6:分别计算性能指标 $J_1 \sim J_3$,指派另一台天车 $k_8$ 进行运输任务,满足约束式(4.4)、(4.8) $\sim$ (4.10),转到步骤 3;否则转到步骤 7。

步骤 7:考虑约束(4.11),并依次根据指标 $J_1 \sim J_3$,从 2 台天车中选择较优的天车运输 $y_{i,j,\theta}(k_8) = 1$;考虑约束(7),天车运输的开始时间 $x_{i,j}(k_{g(\theta)}, k_{g(\theta+1)}) = RET_{j,\theta}$,结束时间 $c_{i,j}(k_{g(\theta)}, k_{g(\theta+1)}) = RST_{j,\theta+1}$。

步骤 8:算法结束。

# 4.4 模糊综合评价

对天车调度的评价不能孤立地评价天车调度本身,应该对整体生产计划进行评价,确定以下三个评价指标:工序等待时间、设备负荷率和天车任务冗余等待数。为了克服单层评价模型因考虑的因素过多、权重难以分配的困难,采用 AHP 三级模糊综合评价方法,用于对整体计划的评价,并开发了相应的评价软件系统。

(1)确定评价因素集。

因素集 $U$ 分为 3 个因素集:$U = \{U_1, U_2, U_3\} = \{$工序等待时间,设备负荷率,天车任务冗余等待数$\}$;每个因素集 $U_i(i = 1, 2, 3)$ 分为 $n$ 个子因素。

(2)建立评价集。

设 $V = \{V_1, V_2, V_3, V_4, V_5\}$ 为评价集,表示的评语$\{$好,较好,一般,较差,差$\}$。

(3)建立隶属函数。

①工位等待时间为越小越优型指标,其隶属函数为

$$C = \begin{cases} 1, & 0 < C_\theta < a \\ \dfrac{b - C_\theta}{b - a}, & a \leqslant C_\theta \leqslant b \\ 0, & C_\theta > b \end{cases} \tag{4.18}$$

式中,$a$、$b$ 为工位等待时间指标的分级代表值;$C_\theta$ 为一批计划中所有计划在第 $\theta$ 个工位设备上的总的等待时间

$$C_\theta = \sum (X_{j,\theta} - Y_{j,\theta-1} - Tr_{j,\theta-1}) \tag{4.19}$$

式中，$X_{j,\theta}$ 为第 $j$ 个炉次在第 $\theta$ 个工位生产设备上的开工时间；$Y_{j,\theta-1}$ 为第 $j$ 个炉次在第 $\theta-1$ 个工位生产设备上的完工时间；$Tr_{j,\theta-1}$ 为第 $j$ 个计划在第 $\theta-1$ 个第 $\theta$ 个工位设备的传隔时间。

②设备负荷率为越大越优型指标，其隶属函数为

$$C^* = \begin{cases} 1, & 0 < C_f < a \\ \dfrac{C_f - a}{b - a}, & a \leqslant C_f \leqslant b \\ 1, & C_f > b \end{cases} \qquad (4.20)$$

式中，$a$、$b$ 为设备负荷率指标的分级代表值；$C_f$ 为一批计划中第 $\theta$ 个工位生产设备作业负荷率。

$$C_f = \frac{N_\theta \times T_\theta}{T_b - T_a} \qquad (4.21)$$

式中，$N_\theta$ 为第 $\theta$ 个工位设备处理的计划总数；$T_\theta$ 为第 $\theta$ 个工位设备的生产时间；$T_a$ 为一批计划的开工最早时间；$T_b$ 为一批计划的完工最晚时间。

③天车任务冗余等待数为越小越优型指标，其隶属函数为

$$C^* = \begin{cases} 1, & 0 < C_k < a \\ \dfrac{b - C_k}{b - a}, & a \leqslant C_k \leqslant b \\ 0, & C_k > b \end{cases} \qquad (4.22)$$

式中，$a$、$b$ 为天车冗余等待数指标的分级代表值；$C_k$ 为在第 $k$ 次出现天车冗余等待情况下天车冗余等待的个数。

(4)建立评判矩阵。

工位等待时间为越小越优型指标评判矩阵 $\boldsymbol{R}_{1,1}$、$\boldsymbol{R}_{1,2}$；设备负荷率为越大越优型指标评判矩阵 $\boldsymbol{R}_{2,1}$、$\boldsymbol{R}_{2,2}$；天车任务冗余等待数评判矩阵 $\boldsymbol{R}_{3,1}$、$\boldsymbol{R}_{3,2}$。

$$\boldsymbol{R}_{1,1} = \begin{bmatrix} r_{1,1} & \cdots & r_{1,5} \\ \vdots & & \vdots \\ r_{7,1} & \cdots & r_{7,5} \end{bmatrix}, \boldsymbol{R}_{1,2} = \begin{bmatrix} r_{1,1} & \cdots & r_{1,5} \\ \vdots & & \vdots \\ r_{3,1} & \cdots & r_{3,5} \end{bmatrix}, \boldsymbol{R}_{2,1} = \begin{bmatrix} r_{1,1} & \cdots & r_{1,5} \\ \vdots & & \vdots \\ r_{3,1} & \cdots & r_{3,5} \end{bmatrix}$$

$$\boldsymbol{R}_{2,2} = \begin{bmatrix} r_{1,1} & \cdots & r_{1,5} \\ \vdots & & \vdots \\ r_{7,1} & \cdots & r_{7,5} \end{bmatrix}, \boldsymbol{R}_{3,1} = \begin{bmatrix} r_{1,1} & \cdots & r_{1,5} \\ \vdots & & \vdots \\ r_{7,1} & \cdots & r_{7,5} \end{bmatrix}, \boldsymbol{R}_{3,2} = \begin{bmatrix} r_{1,1} & \cdots & r_{1,5} \\ \vdots & & \vdots \\ r_{3,1} & \cdots & r_{3,5} \end{bmatrix}$$

（5）模糊综合评判。

①对第三层因素集做一级模糊综合评判

$$\boldsymbol{B}_{i1} = \boldsymbol{A}_{i1} \circ \boldsymbol{R}_{i1}, \boldsymbol{B}_{i2} = \boldsymbol{A}_{i2} \circ \boldsymbol{R}_{i2}, i = 1,2,3$$

②二层因素集做二级模糊综合评判

$$\boldsymbol{B}_i = \boldsymbol{A}_i \circ \boldsymbol{R}_i = \boldsymbol{A}_i \circ [\boldsymbol{B}_{i1}, \boldsymbol{B}_{i2}], i = 1,2,3$$

③对第一层因素集做三级模糊综合评判

$$\boldsymbol{B} = \boldsymbol{A} \circ \boldsymbol{R} = \boldsymbol{A} \circ [\boldsymbol{B}_1, \boldsymbol{B}_2, \boldsymbol{B}_3]^{\mathrm{T}}$$

④对最后的评价结果做归一化处理。

（6）加权综合评判。

①权重的确定。

将各个等级的得分进行加权平均,求得 $\delta_1, \cdots, \delta_5$ 构成一组权重。

$$\delta_j = \frac{b_j^k}{\sum\limits_{l=1}^{5} b_l^k}, j = 1,2,\cdots,5 \tag{4.23}$$

②等级参数的选取。

将等级数量化 $V = (\alpha_1, \cdots, \alpha_5) = (1.00, 0.80, 0.70, 0.60, 0.50)$。由式（4.24）计算综合值。

$$\alpha = \sum_{j=1}^{5} \delta_j \alpha_j \tag{4.24}$$

③评价。

按最大隶属原则确定系统等级归类,按 $\alpha$ 大小确定同一等级的优劣。

# 4.5 工业应用

某炼钢厂厂区平面分布,如图4.5所示。在20世纪90年代进行了三期建设,并形成了4级计算机网络。L4为综合管理系统;L3为车间管理系统,包括铁水管理系统、炼钢—连铸调度系统、热轧计划系统等;L2为过程监测与控制系统。有三台转炉（1LD ~3LD）、六台精炼炉（1RH ~3RH,1CAS/KIP,2CAS,LF）、三台连铸机（1CC ~3CC）和六条模注线,精炼方式包括一重精炼、二重精炼和三重精炼。炼钢—连铸过程的运输设备天车共有七部:①1#天车位于 1 跨(浇铸 1 跨),载重 440 t;②2#天车位于 2 跨(浇铸 2 跨),载重 440 t,只能到达 1LD 台车起吊位、2LD 台车起吊位、3LD 台车起吊位和模铸位,无法达到 1RH 起吊位;③3#天车位于 3 跨(浇铸 3 跨),载重 440 t;④4#天车位于 4 跨(3CC),载重 440 t;⑤5#天车位于 1 跨(浇铸 1 跨),载重 440 t;⑥6#天车位于 2 跨(浇铸 2 跨),载重 150 t,只能到达 1LD 台车起吊位、2LD 台车起吊位、3LD 台车起吊位和 1RH 起吊位,无法达到模铸位;⑦7#天车位于 4 跨(修理跨),载重 130 t。编制的计划为重包运行时,不能使用 2 跨的150 t 的 6#天车和 4 跨的 130 t 的7#天车。

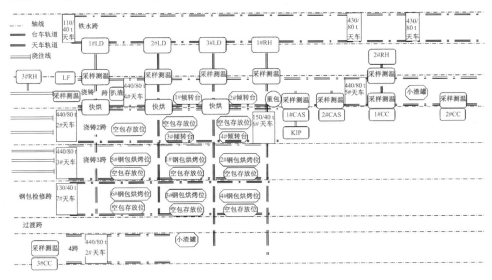

**图4.5 某炼钢厂厂区平面分布图**

编制非铁水跨的 1#~7#天车的作业时刻表,时刻表的时间窗周期为 1 h,计划信息包括天车号、所吊的钢包号、所吊钢包的承载钢号(满包时有)、作业开始位置、开始时刻、作业终止位置、终止时刻。除了考虑模型中的约束,还要考虑炼钢厂的特殊约束:当编制的计划为重包运行时,不能使用 2 跨的 150 t 的 6#天车和 4 跨的 130 t 的7#天车。

(1)初始数据。

以上海某炼钢厂炼钢—精炼—连铸生产过程数据对本书天车调度方法进行仿真验证。输入数据包括炉次计划(生产计划的加工顺序、加工设备、计划在设备上的加工开始、结束时间已经确定)和天车的信息(可用的天车数量、天车的运行速度等);输出数据为天车的调度运行计划结果。为了验证该天车调度模型算法,从生产现场选择了两台连铸机(1CC 和 2CC),每台连铸机上各 3 条炉次计划进行仿真验证。利用文献[15]中得到生产设备调度计划见表 4.1,算法中将运输时间按标准时间处理。

**表 4.1 生产设备调度计划**

| 计划 | 转炉 | 兑铁水开始时间 | 出钢终止时间 | 精炼机 | 精炼开始时间 | 精炼终止时间 | 连铸机 | 回转台开始时间 | 浇铸终止时间 |
|---|---|---|---|---|---|---|---|---|---|
| 01 | 1LD | 15:00 | 15:31 | 1RH | 15:40 | 16:16 | 1CC | 16:28 | 17:31 |
| 02 | 2LD | 15:07 | 15:38 | 2RH | 15:49 | 16:17 | 2CC | 16:29 | 17:39 |
| 03 | 2LD | 15:52 | 16:26 | 2RH | 16:37 | 17:18 | 1CC | 17:24 | 18:29 |
| 04 | 1LD | 15:54 | 16:29 | 1RH | 16:38 | 17:14 | 2CC | 17:32 | 18:45 |
| 05 | 2LD | 16:50 | 17:30 | 2RH | 17:41 | 18:16 | 1CC | 18:22 | 19:37 |
| 06 | 1LD | 17:01 | 17:38 | 1RH | 17:47 | 18:20 | 2CC | 18:38 | 19:38 |

(2)假设条件。

为简化模型计算,对本算例中的一些参数设定如下:①天车数量为 2(现场浇铸 1 跨 1#天车、5#天车);②所有计划均为 3 工序计划(LD - RH - CC);③天车间运行的最小安全距离 $\delta = 0$;④天车起吊和释放时间 $d = 0$。

(3)编制结果。

利用本书提出的天车调度算法进行调度计划编制结果如图 4.6 所示,同时协同调整原生产调度计划,获得新生产设备调度计划表见表 4.2。

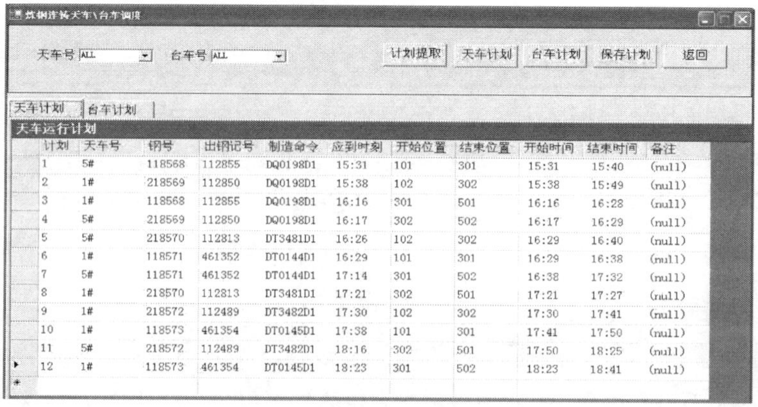


| 计划 | 天车号 | 钢号 | 出钢记号 | 制造命令 | 应到时刻 | 开始位置 | 结束位置 | 开始时间 | 结束时间 | 备注 |
|---|---|---|---|---|---|---|---|---|---|---|
| 1 | 5# | 118568 | 112855 | DQ0198D1 | 15:31 | 101 | 301 | 15:31 | 15:40 | (null) |
| 2 | 1# | 218569 | 112850 | DQ0198D1 | 15:38 | 102 | 302 | 15:38 | 15:49 | (null) |
| 3 | 1# | 118568 | 112855 | DQ0198D1 | 16:16 | 301 | 501 | 16:16 | 16:28 | (null) |
| 4 | 5# | 218569 | 112850 | DQ0198D1 | 16:17 | 302 | 502 | 16:17 | 16:29 | (null) |
| 5 | 5# | 218570 | 112813 | DT3481D1 | 16:26 | 102 | 302 | 16:29 | 16:40 | (null) |
| 6 | 1# | 118571 | 461352 | DT0144D1 | 16:29 | 101 | 301 | 16:29 | 16:38 | (null) |
| 7 | 5# | 118571 | 461352 | DT0144D1 | 17:14 | 301 | 502 | 16:38 | 17:32 | (null) |
| 8 | 1# | 218570 | 112813 | DT3481D1 | 17:21 | 302 | 501 | 17:21 | 17:27 | (null) |
| 9 | 1# | 218572 | 112489 | DT3482D1 | 17:30 | 102 | 302 | 17:30 | 17:41 | (null) |
| 10 | 1# | 118573 | 461354 | DT0145D1 | 17:38 | 101 | 301 | 17:41 | 17:50 | (null) |
| 11 | 5# | 218572 | 112489 | DT3482D1 | 18:16 | 302 | 501 | 17:50 | 18:25 | (null) |
| 12 | 1# | 118573 | 461354 | DT0145D1 | 18:23 | 301 | 502 | 18:23 | 18:41 | (null) |

图 4.6 天车计划编制结果

表 4.2　新生产设备调度计划表

| 计划 | 转炉 | 兑铁水开始时间 | 出钢终止时间 | 精炼机 | 精炼开始时间 | 精炼终止时间 | 连铸机 | 回转台开始时间 | 浇铸终止时间 |
|---|---|---|---|---|---|---|---|---|---|
| 01 | 1LD | 15:00 | 15:31 | 1RH | 15:40 | 16:16 | 1CC | 16:28 | 17:34 |
| 02 | 2LD | 15:07 | 15:38 | 2RH | 15:49 | 16:17 | 2CC | 16:29 | 17:39 |
| 03 | 2LD | 15:55 | 16:29 | 2RH | 16:40 | 17:21 | 1CC | 17:27 | 18:32 |
| 04 | 1LD | 15:54 | 16:29 | 1RH | 16:38 | 17:14 | 2CC | 17:32 | 18:48 |
| 05 | 2LD | 16:50 | 17:30 | 2RH | 17:41 | 18:16 | 1CC | 18:25 | 19:44 |
| 06 | 1LD | 17:04 | 17:41 | 1RH | 17:50 | 18:23 | 2CC | 18:41 | 19:41 |

（4）评价分析。

"天车任务冗余等待数"是对天车调度结果进行评价的一个重要指标,要求在一段时间内天车数量大于天车运输任务数。表 4.3 为天车任务冗余等待计划表,由表中数据可知,在未编制天车调度计划时,原生产设备调度计划存在天车任务冗余等待数过多的情况。①在 16:16～16:17 时间段内,炉次计划 01 与 02 在精炼炉分别有出钢任务,需要天车运输到连铸机,任务完成时间分别为 16:28 和 16:29;②在 16:26～16:29 时间段内,炉次计划 03 和 04 在转炉也分别有出钢任务,需要天车运输到精炼炉。在浇铸 1 跨只有 2 台天车时,天车不能满足运输任务需求,导致生产设备调度计划出现时间扰动,天车调度出现天车任务冗余等待情况。因此,炉次计划 03 和 04 只有等待炉次计划 01 和 02 占用的天车完全释放后,才可进行其运输任务,即在时间 16:16～16:29 时间段内有 4 个天车任务,而天车数量为 2 台,可得上述实例中的天车冗余等待数为 2。

表 4.3　天车任务冗余等待计划表

| 计划 | 出钢工位 | 目标工位 | 出钢时间 | 到达时间 |
|---|---|---|---|---|
| 01 | 1RH | 1CC | 16:16 | 16:28 |
| 02 | 2RH | 2CC | 16:17 | 16:29 |
| 03 | 2LD | 2RH | 16:26 | 16:37 |
| 04 | 1LD | 1RH | 16:29 | 16:38 |

按照工序等待时间、设备负荷率和天车任务冗余等待数指标对天车调度系统进行综合评价如图 4.7 所示。在没有考虑天车调度的情况下,炼钢—精炼—连铸的整个生产计划的综合评价结果为 0.761,考虑天车调度后新的生产计划综合评价

结果为 0.822。采用所开发的软件进行天车调度后,得到新生产设备调度计划不存在天车任务冗余等待的情况,天车调度比较合理,减少了生产过程中的冗余等待时间。

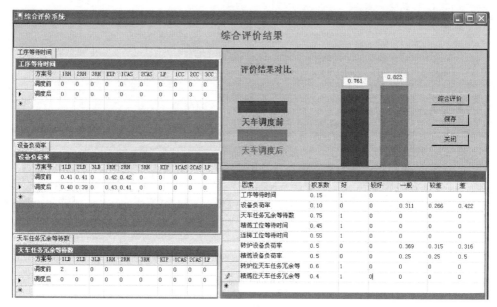

图 4.7　综合评价结果

# 4.6　本章小结

本章针对炼钢生产中容易出现天车不能及时到位,使得编制好的生产作业计划不能及时在相应的生产设备上进行生产,而影响生产设备调度计划执行的问题,建立了炼钢—连铸天车调度性能指标、约束条件的数学模型,研究了基于启发式的炼钢—连铸天车的调度方法。提出了天车运行路径冲突解消算法,编制天车运行调度计划;采用 AHP 模糊评价方法验证天车调度的运行效果。开发的炼钢—连铸运输设备天车调度系统在实验测试中性能良好,但仍然存在着许多不足之处。现有的天车系统中只是应用启发式规则,解决了天车调度与生产设备调度之间的协调问题,优化效果还有进一步提升的空间。

# 第5章 炼钢—连铸生产过程钢包智能调度方法

本章针对国内复杂钢厂(具有三台转炉、七台精炼炉和三台连铸机的三重精炼方式)现行钢包调度中存在的问题及已有调度方法难以应用的现状,对炼钢—连铸钢包智能调度方法进行研究。

## 5.1 炼钢—连铸生产过程钢包智能调度策略

炼钢—连铸的转炉、精炼和连铸机这些主设备都是固定不动的,炉次在其生产过程中空间位置的转移是通过钢包和天车运输设备作业得以实现的,炼钢—连铸生产调度包括炉次调度和钢包调度。炉次调度根据生产订单和工艺要求确定炉次的加工设备和加工开始/结束时间,形成炼钢—精炼—连铸生产作业时间表。炉次调度是钢包调度的先决条件,钢包调度是在炉次调度的基础上为炉次选配钢包,并对炉次的运输设备天车进行调度。钢包调度以满足炉次工艺、保证运输设备运行不冲突、确保炉次调度规定的加工时间的条件下,选配承载炉次的钢包,并确定运输钢包的天车和天车运输作业的开始/结束时间,包括钢包选配、钢包路径编制和天车调度三部分。钢包选配根据炉次计划和工艺要求为炉次进行钢包选配需选配脱碳钢包或脱磷钢包。钢包路径编制根据炉次计划和厂区物理布局,确定天车运输钢包的路线。天车调度根据钢包路径编制结果,确定运输钢包的天车和运输开始/结束时间。

本章提出了由基于规则推理的钢包选配、基于启发式钢包路径编制和基于启发式天车调度组成的钢包调度算法。炼钢—连铸钢包调度算法策略如图 5.1 所示。

首先,钢包调度根据炉次计划进行钢包选配。以钢包温度最高、钢包寿命最长、钢包剩余在线时间最大为性能指标,以钢包温度在规定范围内、钢包寿命在规定范围内和钢包维护结束时间早于炉次加工时间为约束,给出了脱磷钢包选配规则,通过规则推理为进行脱磷的炉次决策脱磷钢包;以钢包温度最高、钢包寿命最长、钢包材质等级最低和钢包上水口数量最小为性能指标,以钢包温度在规定范围内、钢包寿命在规定范围内、钢包材质在炉次规定范围内、钢包维护结束时间早于炉次加工开始时间、钢包上水口使用次数在炉次规定的范围之内和连铸第一个炉次要求钢包烘烤时间超过半小时为约束,通过规则推理决策脱碳钢包。

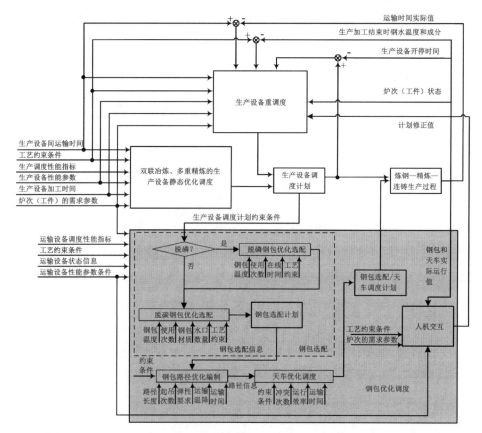

图 5.1　炼钢—连铸钢包调度算法策略

然后,进行钢包运输路径编制。以钢包运输路径最短、起吊放下次数最小、同一路径中前后相邻两个钢包的间隔时间最长、钢包运输温降最小和运输时间最小为性能指标;以路径上的天车载重大于满载钢水的钢包质量、路径上的天车可运输时间在炉次计划规定范围内、天车最大速度和炉次计划所决定的可用路径长度范围、路径中运输的钢水温降不超过炉次工艺规定温度范围为约束条件;以钢包运输的路径为决策变量,提出基于多优先级的钢包路径启发式编制方法。在厂区布局和炉次计划确定的基础上,按性能指标重要程度确定钢包路径优先级并对可用路径进行排序,决策出钢包的运输路径。

最后,进行天车调度。以天车运输时间最短、车相互避让次数最小、天车运行效率最大为性能指标;以天车载重大于满载钢水的钢包质量、天车运输任务时间在炉次计划规定时间范围内、两部天车间的距离大于安全距离、天车运输钢水的温降不超过炉次工艺规定温度范围为约束条件;以天车及其作业开始/结束时间为决策变量,提出了冲突解消策略与甘特图编辑相结合的启发式人机交互天车调度算法,决策出运输钢包的天车号并给出作业的开始/结束时间。

# 5.2　钢包优化选配模型

炼钢厂所有计划的实现都是通过钢包为主要承载体的,没有钢包就无法实现钢铁的冶炼。所以钢包在钢铁冶炼中的地位是无可取代的。钢包作为炼钢—精炼—连铸生产中的载体,负责将转炉中炼出来的钢水运送到连铸机或模铸工序,其中有的经过多道精炼然后送到下道工序,有的不经过精炼直接送到下道工序,连铸或模铸结束后还需要进行倒渣、倾转台等工序。

炉次如果没有脱磷工艺,需要选配脱碳钢包;炉次如果有脱磷工艺需要在脱磷转炉之前使用脱磷钢包,之后在使用脱碳钢包。炼钢—精炼—连铸钢包调度中的钢包选配是以炼钢—精炼—连铸主设备调度计划和钢包状态为基础,在对现场使用的脱碳包和脱磷包中为炉次选配合适的钢包。

## 5.2.1　脱磷钢包选配模型

现代大型炼钢厂炼钢—连铸生产过程由多台转炉,多台、多种精炼炉,多台连铸机通过多种精炼方式组成。转炉将冶炼好的钢水注入钢包。钢包运载钢水到精炼炉进行精炼(一个炉次在一台或多台精炼炉上加工,分别称为一重或多重精炼）。精炼后再使用同一钢包把钢水运输到连铸机的回转台向中间包注入。钢包中的钢水完全注入后，钢包下线完成一次运输过程。

目前该厂的钢包计划也是由人工制订。转炉、精炼和连铸机在生产过程中是固定不动的，而钢包作为一个由耐火材料制成的承载钢水的容器，也是钢水的运输设备，炉次在生产中空间位置的转移是通过钢包运转得以实现的。它不仅是承载钢水的工具，也是钢水精炼工艺的一个组成部分，没有钢包就无法完成钢水的运输和精炼。钢包到转炉接受钢水后，根据钢种的要求，有的钢包走扒渣工位，有的不走扒渣工位，直接到精炼设备进行精炼处理，经精炼（一重、两重或三重）处理后到大包回转台工位准备浇铸，浇铸结束后，钢包到相应的倒渣工位倒渣，再将空包运送到倾转台上对钢包进行检查处理。其中浇铸结束前为重包行走，其他为空包的行走。空包行走时间要求不严，对生产影响较少，实际生产主要考虑重包行走阶段的需求。现场采用的双联法炼钢中，转炉冶炼包括脱磷和脱碳两种工艺。炉次如果没有脱磷工艺，直接选配脱碳钢包；否则在脱磷转炉之前使用脱磷钢包，再使用脱碳钢包。

钢包保温层材质 $M_1$ 决定钢包单位时间内的温降；使用次数 $L$ 越大，保温层性能下降越多；钢包初始温度 $T_1$ 越高，钢水在连铸机浇铸时的温度越高；外界温度 $T_2$ 越高，钢包单位时间内的温降越低；钢包下水口材质 $M_2$ 导热性在一定程度上影响钢包的散热，进而影响钢水的温降；引流料材质 $M_3$ 引流剂材质影响钢包浇铸的自动开浇率，自动开浇率高则钢水温降小；剩余钢水 $R$ 也会影响到当前炉次的成分。钢包选配需要考虑的因素包括以下几种。

（1）钢水温降会影响到最终钢水的品质。

$$T_0 = F(M_1, L, T_1, T_2, M_2, M_3, d) \tag{5.1}$$

其中，$F(\cdot)$ 为描述钢水温度 $T_0$ 与其影响因素之间关系的未知非线性关系；$d$ 为未知影响因素。

（2）钢包本身对钢水的影响。

$$C = F(M_1, L, T_1, R, D, M_2, M_3, d) \tag{5.2}$$

其中，$F(\cdot)$ 为描述钢水成分 $C$ 与其影响因素之间关系的未知非线性关系；$D$ 为钢包下水口数量；$d$ 为未知影响因素。

（3）钢水对钢包耐火材质腐蚀程度。

$$E = F(M_1, L, T_1, C, t, d) \tag{5.3}$$

其中，$F(\cdot)$ 为描述脱碳钢包耐火材质腐蚀程度 $E$ 与其影响因素之间关系的未知非线性关系；$t$ 为时间；$d$ 为未知影响因素。

每个炉次 $L_{i,j}$ 在整个冶炼过程中只使用一个脱碳钢包 $k$，$k = 1, 2, \cdots, 39$。但是，根据现场工艺对炉次 $L_{i,j}$ 要求，有的炉次在脱碳工艺前要增加一次脱磷处理。脱磷处理使用的钢包是不一样的，必须为有脱磷工艺的炉次匹配一个脱磷钢包 $k$，$k = 81, 82, 83, 84$；脱磷钢包 $k$ 负责把炉次从脱磷处理转炉运输到脱碳处理转炉。

对于有脱磷工艺的炉次，需要在脱磷包集合 $\Omega = \{k \mid k = 81, 82, 83, 84\}$ 中，为其匹配合适炉次的脱磷包 $k$，$k \in \Omega$；脱磷钢包选配已知信息包括如下。

（1）设备类型，以及每种类型的设备个数。

（2）炉次调度计划中浇次个数，以及每个浇次所在的连铸机。

（3）炉次调度计划中每个浇次包含的炉次数，以及这些炉次在浇次内的前后加工顺序。

（4）炉次调度计划中每个炉次的生产工艺路径：炉次经过的加工阶段数，以及在每个阶段的加工设备类型。

（5）炉次调度计划中每个炉次在每个阶段的加工设备，以及在设备上的开工时间和完工时间。

（6）炉次调度计划中每台设备上加工的炉次，以及对这些炉次的先后加工顺序。

（7）炉次在各设备上的加工状态，包括已完工、正在加工和未开工。

（8）在转炉上发生开工时间延迟的炉次，以及该炉次在转炉设备上的实际开工时间。

针对脱磷钢包选配问题，首先给出了参数与变量的符号定义。

$T(k)$ 为钢包 $k$ 温度；钢包为脱磷包时，$k = 81, 82, 83, 84$。

$Lc_{i,j,k}$ 为 $0 - 1$ 变量，表示炉次 $L_{i,j}$ 是否选择钢包 $k$，钢包为脱磷包时，$k = 81, 82, 83, 84$，如选择为 1，否则为 0。

$N_z$ 为可用钢包集合中在线包数量。

$N_f$ 为可用钢包集合中非在线包数量。

1. 性能指标

（1）由于炉次对钢包温度的要求较高，如果温度过低，就要增加冶炼时间，或对钢包进行加热，不但降低了生产效率，而且也会影响产品质量，如果温度过高，超出工艺要求也会影响产品质量。所以，脱磷包选配要求把炉次 $L_{i,j}$ 选配的脱磷包 $(Lc_{i,j,k}=1)$，温度 $T(k)$ 控制在炉次工艺许可的范围 $T_{\min} \leqslant T(k) \leqslant T_{\max}$ 内，并使其尽可能高，即

$$\max T(k), T_{\min} \leqslant T(k) \leqslant T_{\max} \tag{5.4}$$

其中，$T_{\max}$ 是生产允许的钢包使用的最高温度；$T_{\min}$ 是生产允许的钢包使用的最低温度；$T(k)$ 表示脱磷钢包 $k$ 的温度。

（2）由于钢包使用次数是有限的，超龄钢包不但保温效果差，影响产品质量，也增加了钢水泄露的风险。且钢包大修后至少需要烘烤 56 h 才能上线使用，维护周期长；因此，为了保证有充分的钢包可用，脱磷包选配要求把炉次 $L_{i,j}$ 选配的脱磷包（$Lc_{i,j,k}=1$），需要在钢包寿命限制范围 $0 \leqslant L(k) < 150$ 内，尽可能选择使用次数高的脱磷包 $k$，即

$$\max L(k), 0 \leqslant L(k) < 150 \tag{5.5}$$

其中，$L(k)$ 表示脱磷钢包 $k$ 的使用次数。

（3）脱磷钢包分为在线包和非在线包两种，使用结束 10 min 以内的脱磷包为在线包，否则为非在线包。在线包温度高，运输距离短，可用直接使用，否则，需要送到烘烤位加热后再使用。所以，脱磷包选配要求把炉次 $L_{i,j}$ 选配的脱磷包 $(Lc_{i,j,k}=1)$，期望优先选配剩余时间为 $0 < Z(k) \leqslant 10$ 的在线脱磷包，无可用在线包时才选配 $Z(k)=0$ 的非在线脱磷包 $k$，即

$$\max Z(k), 0 \leqslant Z(k) \leqslant 10 \tag{5.6}$$

其中，$Z(k)$ 表示脱磷包 $k$ 作为在线包的剩余时间，$Z(k)=0$ 表示该脱磷包为非在线包。

2. 约束方程

在炼钢—精炼—连铸的生产过程中，钢包匹配是按照炉次 $L_{i,j}$ 使用钢包的时间前后顺序进行的。设按照炉次 $L_{i,j}$ 使用钢包的时间先后顺序排序后的炉次集合 $\Phi = \{L_1, L_2, \cdots, L_N\}$，脱磷钢包匹配在按脱磷转炉完成时间排序后的集合 $\Phi$ 中，首先选配最先使用的炉次 $L_1$，然后按依次对炉次 $L_2, L_3, \cdots, L_N$ 匹配钢包。由此可得

$$y_{L_1,1}(k_1) \leqslant y_{L_2,1}(k_1)$$

$$y_{L_2,1}(k_1) \leqslant y_{L_3,1}(k_1)$$

$$\vdots \tag{5.7}$$

$$y_{L_{N-1},1}(k_1) \leqslant y_{L_N,1}(k_1)$$

其中,$y_{L_1,1}(k_1)$,$y_{L_2,1}(k_1)$,$\cdots$,$y_{L_N,1}(k_1)$ 为炉次 $L_1,L_2,\cdots,L_N$ 的脱磷转炉结束时间。

钢包如果被使用就不能选配给其他炉次,只有被释放后才能被选配。定义钢包可用时间 $t_k$ 为钢包最近可用时间。所以要求被选择到的脱磷钢包 $k$ 的可用时间 $t_k$ 要早于炉次脱磷转炉结束时间 $y_{L,1}(k_1)$,即

$$t_k < y_{L,1}(k_1) \tag{5.8}$$

其中,$y_{L,1}(k_1)$ 炉次脱磷转炉结束时间;$t_k$ 是钢包 $k$ 的可用时间。

3. 决策变量

在炼钢—连铸的生产过程中,不同钢种的生产工艺流程是不一样的,高标准的钢种要求在正常脱碳转炉前增加一个脱磷处理过程,这个脱磷处理过程是通过在脱磷转炉中冶炼来实现的。从脱磷转炉出钢后,要使用专用的脱磷钢包将含有脱磷工艺的炉次 $L_{i,j}$ 运输到脱碳转炉中。所以,每个炉次 $L_{i,j}$ 根据是否有脱磷工艺来判断是否需要选择脱磷包,对于每个有脱磷工艺的炉次都要选择一个脱磷包 $k,k = 81,82,83,84$,即

$$\text{IF } Gp_{i,j} = 1 \text{ THEN } \sum Lc_{i,j,k} = 1 \tag{5.9}$$

其中,$GP_{i,j}$ 为 $0-1$ 变量,表示炉次 $L_{i,j}$ 是否包括脱磷工艺。如果包括脱磷工艺为 1,否则为 0。

针对主设备调度计划中每个炉次 $L_{i,j}$ 对钢包的要求不同,需要为每一个炉次决策出适合炉次的钢包 $k$。如果炉次包含脱磷工艺,还要决策相应的脱磷钢包 $k$,为对应的 $Lc_{i,j,k}$ 赋值,如果炉次选配脱磷钢包 $k$ 则取值为 1,否则为 0,$k = 81,82,83,84$。

综上所述,脱磷钢包的选配以钢包温度最高、钢包寿命最长、钢包剩余在线时间最大为性能指标,以钢包温度在规定范围内、钢包寿命在规定范围内和钢包维护结束时间早于炉次加工时间为约束,决策脱磷钢包 $k$。

## 5.2.2　脱磷钢包优化选配难点分析

由式(5.4)、(5.5)可知,"在钢包温度规定范围内选择温度尽可能高的钢包"和"在钢包寿命规定范围内选择寿命尽可能长的钢包"在选配过程中相互冲突,难以同时满足温度高和寿命长的要求,同理,由式(5.5)、式(5.6)可知,钢包使用次数和是否在线也难以同时满足要求。钢包选配问题是一个具有多冲突目标的动态系统的优化难题,难以采用运筹学优化方法。钢包选配问题目标(温度、寿命、是否为在线包等)的性能指标取值都是要在工艺许可的取值区间内,对于这样类多目标问题来说,无法通过加权方式转换为单目标问题进行求解。同时,由于炼钢—连铸整个生产过程中加工件是高温钢水,钢水温度的变化会影响产品的品质。钢水温度和钢水成分是钢水质量的关键参数,作为承载钢水容器钢包的材质、使用情况和温度也会对钢水温度和钢水成分造成影响,但是这两个因素属于化学变化,钢包调度对其影响的机理在工艺上不清楚,所以钢包调度对这两个因素的影响程度分析不够,无法精确进行建模描述。

## 5.2.3　脱碳钢包选配模型

根据现场工艺对炉次要求,有的炉次在脱碳工艺前要增加一次脱磷处理,需要先选配脱磷钢包再选配脱碳钢包,否则为炉次直接选配一个脱碳钢包。脱碳钢包的选配直接影响炉次的温度和成分,进而间接影响到炉次加工时间,会给制订好的生产设备调度计划带来扰动。①钢包选配的好坏对精炼加工时长有着直接的影响,如果选配的钢包的材质不满足炉次钢种的要求,将会影响到钢水的质量,需要增加精炼时间或精炼工序,甚至导致钢水报废。②如果一个炉次的钢水在转炉冶炼好后,钢包没有及时到转炉接受钢水就要延长炉次在转炉上的加工时间。③如果选配的钢包没有满足的温度要求,就要延长炉次在精炼设备上的加工时间,补充因钢包温度低给钢水带来的温度损失;当选配的钢包温度过低,则需要增加钢包在烘烤设备上的加热时间,不但增加了能耗,还可能导致计划延误。

由于现场对钢水的温降要求非常的高,如果温度不达标,必须对钢水进行加温、延长冶炼时间或者增加精炼重数。目前企业现场炼钢区域钢包总数为39个及4个脱磷包,正常生产周转的钢包数量为23个。钢包自重为114 t,最大钢水装入量为 306 t,钢包平均寿命为 108 炉。钢包选配是炼钢—精炼—连铸炉次生产的必须工序。转炉冶炼好钢水之后,根据必须炉次工艺和钢包实际情况,为每一个炉次准备好钢包,在转炉出钢位准备接钢水。先给出钢包匹配的输入表与输出表。

钢包匹配的输入表是炉次调度计划表(主设备调度信息)见表 5.1。主要包含

**表 5.1　炉次调度计划表**

| 转炉 | 制造命令号 | 出钢记号 | 连铸机号 | 兑铁水始 | 吹炼始 | 出钢终 | 精炼 | 精炼终 | 连铸终 |
|---|---|---|---|---|---|---|---|---|---|
| 3LD | 112637 | DQ3440E1 | 2CC | 09:19 | 09:24 | 09:50 | 1CAS | 10:29 | 11:36 |
| 1LD | 112638 | DQ3440E1 | 2CC | 10:14 | 10:19 | 10:45 | 1CAS | 11:24 | 12:31 |
| 2LD | 112639 | DQ3440E1 | 2CC | 10:56 | 11:01 | 11:27 | 1CAS | 12:19 | 13:28 |
| 1LD | 112640 | DQ3440E1 | 2CC | 12:06 | 12:11 | 12:37 | 1CAS | 13:16 | 14:26 |
| 1LD | 112684 | AP1056E1 | 1CC | 09:04 | 09:09 | 10:25 | 2CAS | 11:53 | 12:45 |
| 2LD | 112685 | AP1056E1 | 1CC | 10:21 | 10:26 | 11:55 | 2CAS | 12:34 | 13:29 |
| 1LD | 112686 | AP1056E1 | 1CC | 10:49 | 10:54 | 12:10 | 2CAS | 13:18 | 14:16 |
| 2LD | 112687 | AP1056E1 | 1CC | 12:06 | 12:11 | 13:26 | 2CAS | 14:05 | 15:06 |
| 3LD | 112689 | AP1056E1 | 1CC | 12:55 | 13:00 | 14:16 | 2CAS | 14:55 | 15:56 |
| 2LD | 112742 | AP1055E5 | 2CC | 13:04 | 13:09 | 13:35 | 1CAS | 14:14 | 15:15 |
| 1LD | 112743 | AP1055E5 | 2CC | 13:53 | 13:58 | 14:24 | 1CAS | 15:03 | 16:05 |
| 1LD | 112855 | DQ0198D1 | 1CC | 09:39 | 09:44 | 10:10 | 1RH | 10:54 | 12:04 |
| 2LD | 115769 | DQ0198D1 | 3CC | 09:11 | 09:16 | 09:42 | 2RH | 10:46 | 11:38 |
| 2LD | 115770 | DQ0198D1 | 3CC | 09:46 | 09:51 | 10:17 | 3RH | 11:18 | 12:10 |
| 3LD | 115772 | DQ0198D1 | 3CC | 10:29 | 10:34 | 11:00 | 1RH | 11:54 | 12:42 |
| 3LD | 115775 | DQ0198D1 | 3CC | 11:04 | 11:09 | 11:35 | 2RH | 12:22 | 13:14 |
| 2LD | 115776 | DQ0240D1 | 3CC | 11:31 | 11:36 | 12:02 | 3RH | 12:54 | 13:45 |
| 3LD | 115777 | DT0145D1 | 3CC | 12:14 | 12:19 | 12:45 | 1RH | 13:29 | 14:26 |
| 1LD | 112856 | DQ0198D1 | 1CC | 13:39 | 13:44 | 14:10 | 1RH | 14:54 | 16:04 |

注:转炉——炉次被分配到哪台具体转炉上加工;

　　制造命令号——用于标识某转炉已经加工了第几个炉次;

　　出钢记号——用于标识炉次钢种信息;

　　连铸机号——炉次被分配到哪台具体连铸机上加工;

　　兑铁水始——炉次在转炉上兑铁水的开工时间;

　　吹炼始——炉次在转炉上吹炼的开工时间;

　　出钢终——炉次在转炉上出钢的结束时间;

　　精炼——炉次被分配到哪台具体精炼炉上加工;

　　精炼终——炉次在精炼设备的结束精炼时间;

　　连铸终——炉次在连铸机的加工结束时间。

了转炉、制造命令号、出钢记号、连铸机号、兑铁水始、吹炼始、出钢终、精炼、精炼终、连铸终的信息。输出表是钢包计划表见表5.2,主要包含了转炉、制造命令号、出钢记号、连铸机号、钢包号、倾转台、出钢终、精炼、精炼终、连铸终的信息。

**表5.2　钢包计划表**

| 转炉 | 制造命令号 | 出钢记号 | 连铸机号 | 钢包号 | 倾转台 | 出钢终 | 精炼 | 精炼终 | 连铸终 |
|---|---|---|---|---|---|---|---|---|---|
| 3LD | 112637 | DQ3440E1 | 2CC | 602 | 1# | 09:50 | 1CAS | 10:29 | 11:36 |
| 1LD | 112638 | DQ3440E1 | 2CC | 610 | 4# | 10:45 | 1CAS | 11:24 | 12:31 |
| 2LD | 112639 | DQ3440E1 | 2CC | 625 | 4# | 11:27 | 1CAS | 12:19 | 13:28 |
| 1LD | 112640 | DQ3440E1 | 2CC | 602 | 1# | 12:37 | 1CAS | 13:16 | 14:26 |
| 1LD | 112684 | AP1056E1 | 1CC | 629 | 3# | 10:25 | 2CAS | 11:53 | 12:45 |
| 2LD | 112685 | AP1056E1 | 1CC | 608 | 1# | 11:55 | 2CAS | 12:34 | 13:29 |
| 1LD | 112686 | AP1056E1 | 1CC | 611 | 3# | 12:10 | 2CAS | 13:18 | 14:16 |
| 2LD | 112687 | AP1056E1 | 1CC | 601 | 4# | 13:26 | 2CAS | 14:05 | 15:06 |
| 3LD | 112689 | AP1056E1 | 1CC | 610 | 1# | 14:16 | 2CAS | 14:55 | 15:56 |
| 2LD | 112742 | AP1055E5 | 2CC | 629 | 1# | 13:35 | 1CAS | 14:14 | 15:15 |
| 1LD | 112743 | AP1055E5 | 2CC | 607 | 2# | 14:24 | 1CAS | 15:03 | 16:05 |
| 1LD | 112855 | DQ0198D1 | 1CC | 604 | 3# | 10:10 | 1RH | 10:54 | 12:04 |
| 2LD | 115769 | DQ0198D1 | 3CC | 607 | 1# | 09:42 | 2RH | 10:46 | 11:38 |
| 2LD | 115770 | DQ0198D1 | 3CC | 601 | 2# | 10:17 | 3RH | 11:18 | 12:10 |
| 3LD | 115772 | DQ0198D1 | 3CC | 612 | 1# | 11:00 | 1RH | 11:54 | 12:42 |
| 3LD | 115775 | DQ0198D1 | 3CC | 609 | 1# | 11:35 | 2RH | 12:22 | 13:14 |
| 2LD | 115776 | DQ0240D1 | 3CC | 607 | 1# | 12:02 | 3RH | 12:54 | 13:45 |
| 3LD | 115777 | DT0145D1 | 3CC | 604 | 2# | 12:45 | 1RH | 13:29 | 14:26 |
| 1LD | 112856 | DQ0198D1 | 1CC | 601 | 1# | 14:10 | 1RH | 14:54 | 16:04 |

注:转炉——炉次被分配到哪台具体转炉上加工;

　　制造命令号——用于标识某转炉已经加工了第几个炉次;

　　出钢记号——用于标识炉次钢种信息;

　　连铸机号——炉次被分配到哪台具体连铸机上加工;

　　钢包号——炉次选定钢包的编号;

　　倾转台——钢包下线使用倾转台的编号;

　　出钢终——炉次在转炉上出钢的结束时间;

　　精炼——炉次被分配到哪台具体精炼炉上加工;

　　精炼终——炉次在精炼设备的结束精炼时间;

　　连铸终——炉次在连铸机的加工结束时间。

　　炼钢—连铸静态调度计划(主设备调度计划)是制订钢包选配的基础,钢包选配是调度计划完成的保证。调度计划是钢包选配问题的输入,钢包选配表是钢包选配问题的输出。首先按调度表中炉次在转炉结束时间从小到大的顺序,然后依次提取调度计划表各炉次在转炉的结束时间、炉次钢种对钢包约束条件、如钢包对材质、水口、温度等约束,并根据目标建立钢包选配算法,依次为每个炉次尽量选配一个满足材质、水口的条件下温度高的钢包,形成钢包选配表。

　　对脱碳钢包在生产过程中的影响因素进行分析,设钢包保温层材质 $M_1$ 决定钢包单位时间内的温降;使用次数 $L$ 越大,保温层性能下降越多;钢包初始温度 $T_1$ 越高,钢水在连铸机浇铸时的温度越高;外界温度 $T_2$ 越高,钢包单位时间内的温降越低;钢包下水口材质 $M_2$ 导热性在一定程度上影响钢包的散热,进而影响钢水的温降;引流料材质 $M_3$ 引流剂材质影响钢包浇铸的自动开浇率,自动开浇率高钢水温降小;剩余钢水 $R$ 也会影响到当前炉次的成分。钢包选配需要考虑的因素如下。

　　(1)钢水温降会影响到最终钢水的品质。

$$T_0 = F(M_1, L, T_1, T_2, M_2, M_3, d) \tag{5.10}$$

其中, $F(\cdot)$ 为描述钢水温度 $T_0$ 与其影响因素之间关系的未知非线性关系, $d$ 为未知影响因素。

　　(2)钢包本身对钢水的影响。

$$C = F(M_1, L, T_1, R, D, M_2, M_3, d) \tag{5.11}$$

其中, $F(\cdot)$ 为描述钢水成分 $C$ 与其影响因素之间关系的未知非线性关系, $D$ 为钢包下水口数量, $d$ 为未知影响因素。

　　(3)钢水对钢包耐火材质腐蚀程度。

$$E = F(M_1, L, T_1, C, t, d) \tag{5.12}$$

其中, $F(\cdot)$ 为描述脱碳钢包耐火材质腐蚀程度 $E$ 与其影响因素之间关系的未知非线性关系, $t$ 为时间, $d$ 为未知影响因素。

　　每个炉次 $L_{i,j}$ 在整个炼钢—连铸冶炼过程中只使用一个脱碳钢包。选配脱碳钢包的目标是针对主设备调度计划中每个炉次 $L_{i,j}$ 对钢包的要求不同,根据各炉次对钢包材质 $MT_g$ 、下水口数量 $DO_k$ 、上水口使用次数 $UP_k^{i,j}$ 、寿命 $L(k)$ 等需求,为每一个炉次 $L_{i,j}$ 在脱碳包集合 $\Omega = \{k \mid k = 1, 2, \cdots, 39\}$ 中决策出适合炉次的脱碳钢包。脱碳钢包选配已知信息如下。

①设备类型,以及每种类型的设备个数。

②炉次调度计划中浇次个数,以及每个浇次所在的连铸机。

③炉次调度计划中每个浇次包含的炉次数,以及这些炉次在浇次内的先后加工顺序。

④炉次调度计划中每个炉次的生产工艺路径——炉次经过的加工阶段数,以及在每个阶段的加工设备类型。

⑤炉次调度计划中每个炉次在每个阶段的加工设备,以及在设备上的开工时间和完工时间。

⑥炉次调度计划中每台设备上加工的炉次,以及对这些炉次的先后加工顺序。

⑦炉次在各设备上的加工状态包括已完工、正在加工和未开工。

⑧在转炉上发生开工时间延迟的炉次,以及该炉次在转炉设备上的实际开工时间。

针对脱碳钢包选配问题,进一步给出了参数与变量的符号定义。

$T(k)$ 为第 $i$ 个浇次的第 $j$ 个炉次选配的钢包 $k$ 温度,$k$ 为钢包序号;钢包为脱碳包时,$k = 1, 2, \cdots, 39$。

$Lc_{i,j,k}$ 为 0-1 变量,表示炉次 $L_{i,j}$ 是否选择钢包 $k$,钢包为脱碳包时,$k = 1, 2, \cdots, 39$;如选择为 1,否则为 0。

$Lf_{i,j}$ 为 0-1 变量,表示炉次 $L_{i,j}$ 是否为连铸第一炉,如是为 1,否则为 0。

$L_{\min}$ 为选配钢包最低使用次数要求。

$L_{\max}$ 为选配钢包最高使用次数要求。

$MT_{\min}$ 为选配钢包的最低材质要求。

$MT_{\max}$ 为 $L_{i,j}$ 选配钢包的最高材质要求。

$DO_k$ 为钢包 $k$ 的下水口数量。

$DO_{\min}$ 为炉次 $L_{i,j}$ 选配钢包最低下水口数量要求。

$DO_{\max}$ 为炉次 $L_{i,j}$ 选配钢包最高下水口数量要求。

$UP_k$ 为钢包 $k$ 的钢包上使用次数。

$UP_{\min}$ 为炉次 $L_{i,j}$ 选配钢包的最低上水口使用次数要求。

$UP_{\max}$ 为炉次 $L_{i,j}$ 选配钢包的最高上水口使用次数要求。

$Sk_{ab}^{i,j}$ 为炉次 $L_{i,j}$ 钢种第 $a$ 位到第 $b$ 为的值。

$R_m^{i,j}$ 为炉次 $L_{i,j}$ 钢包大包规制第 $m$ 位, $m=1,2,3$。

$S_m^k$ 为钢包 $k$ 状态第 $m$ 位, $m=1,2,3$。

$t_k$ 为钢包 $k$ 可用时间。

$t_{now}$ 为当前时间。

规则学习可以从训练数据中学习出一组能用于对未见示例进行判别的规则, 在这里使用一阶规则学习通过在钢包选配数据集、生产的训练集进行学习提取关键属性作为脱碳钢包选配模型的性能指标, 钢包选配的属性集 $A = \{a_1, a_2, \cdots, a_{18}\}$见表 5.3。

表 5.3　钢包选配属性定义表

| 属性 | 符号 | 变量说明 |
| --- | --- | --- |
| 钢种 | $Sk$ | 炉次的工艺编号 |
| 包号 | $k$ | 钢包序号 |
| 钢包大包规制 | $R_m$ | 钢包大包规制第 $m$ 位 |
| 钢包状态 | $S_m^k$ | 钢包 $k$ 状态第 $m$ 位 |
| 包底冷钢量 | $R(k)$ | 钢包 $k$ 剩余的钢水量 |
| 钢包温度 | $T(k)$ | 钢包 $k$ 的温度 |
| 钢包材质 | $M(k)$ | 钢包 $k$ 的材质 |
| 下水口数量 | $D(k)$ | 钢包 $k$ 的下水口数量 |
| 使用次数 | $L(k)$ | 钢包 $k$ 的使用次数 |
| 上水口使用次数（东） | $U_e^k$ | 钢包 $k$ 东上水口使用次数 |
| 上水口使用次数（西） | $U_w^k$ | 钢包 $k$ 西上水口使用次数 |
| 滑板使用次数（东） | $S_e^k$ | 钢包 $k$ 东滑板使用次数 |
| 滑板使用次数（西） | $S_w^k$ | 钢包 $k$ 西滑板使用次数 |
| 引流料（东） | $M_e^k$ | 钢包 $k$ 引流料（东）的材质 |
| 引流料（西） | $M_w^k$ | 钢包 $k$ 引流料（西）的材质 |
| 框架使用次数（东） | $F_e^k$ | 钢包 $k$ 框架（东）使用次数 |
| 框架使用次数（西） | $F_w^k$ | 钢包 $k$ 框架（西）使用次数 |
| 空包重 | $E(k)$ | 钢包 $k$ 空包的质量 |

选取典型数据和随机数据建立钢包选配的训练集, 其中典型数据和随机数据比例为 1:3（表 5.4）, 并对数据进行转换, 建立的关系数据表（表 5.5）。

表 5.4 钢包选配数据集

| 编号 | 钢种 | 精炼路径 | 温度/℃ | 钢包材质 | 钢包状态 | 钢包使用次数/次 | 下水口数/个 | 冷钢量/t | 下水口材质（东） | 下水口材质（西） | … | 引流料材质（东） | 引流料材质（西） | 空包重/t | 可用 |
|---|---|---|---|---|---|---|---|---|---|---|---|---|---|---|---|
| 1 | AK202204 | R | >1 341 | 整体包 | 运转 | >10 | 2 | 0.5 | 特蜡 | 特蜡 | … | 镁橄榄石 | 镁橄榄石 | 136 | 可 |
| 2 | API055E5 | R | >1 126 | 镁铝 | 预备 | >2 | 1 | 1.0 | 中铝 | 中铝 | … | 硅 | 硅 | 125 | 可 |
| 3 | API055E5 | R | >1 457 | 铝铸碳 | 干燥 | >149 | 1 | 1.0 | 高铝铝碳 | 高铝碳 | … | 锆 | 锆 | 145 | 否 |
| 4 | API055E5 | R | >1 600 | 整体包 | 修理 | >57 | 1 | 1.5 | 普蜡 | 普蜡 | … | 铬 | 铬 | 142 | 否 |
| 5 | API055E5 | R | <879 | 镁铝 | 运转 | <34 | 1 | 2.5 | 铝类 | 铝类 | … | 镁橄榄石 | 镁橄榄石 | 128 | 否 |
| 6 | XK437311 | LR | <1 379 | 整体包 | 预备 | >18 | 1 | 2.0 | 铝类 | 铝类 | … | 镁橄榄石 | 镁橄榄石 | N/A | 可 |
| … | … | … | … | … | … | … | … | … | … | … | … | … | … | … | … |

表 5.5 钢包选配关系系数数据表

| | | | | |
|---|---|---|---|---|
| 背景知识 | 钢包温度更高(1,2) | 钢包材质更高(1,2) | 钢包使用次数更高(1,2) | 下水口数量更多(1,2) |
| | 钢包温度更高(3,1) | 钢包材质更高(3,1) | 钢包使用次数更高(3,1) | 下水口数量更多(1,3) |
| | … | … | … | … |
| 样例 | 更好(1,3) | 更好(1,4) | 更好(1,5) | 更好(1,6) |
| | ¬更好(3,1) | ¬更好(4,1) | ¬更好(5,1) | ¬更好(6,1) |
| | … | … | … | … |

其中,由样本类比转化而来关于"更好""¬ 更好"的原子公式称为关系数据样例。采用 FOIL(First – Order Inductive Learner)进行规则学习,脱碳钢包优化选配最初的空规则为

$$更好(X,Y) \leftarrow \qquad (5.13)$$

使用"FOIL 增益"选择文字:

$$F\_Gain = \hat{m}_+ \times \left( \log_2 \frac{\hat{m}_+}{\hat{m}_+ + \hat{m}_-} - \log_2 \frac{m_+}{m_+ + m_-} \right) \qquad (5.14)$$

式中,$\hat{m}_+$ 和 $\hat{m}_-$ 为增加候选文字后新规则所覆盖的正、反例数;$m_+$ 和 $m_-$ 为原规则所覆盖的正、反例数。

(1)性能指标。

基于现场专家经验,挑选典型正、反例样本进行学习得到最小覆盖全部样本的属性作为钢包选配的优化目标。

①由于炉次对钢包温度的要求较高,如果温度未达标,就要增加冶炼时间,或对钢包进行加热,不但降低了生产效率,而且也会影响产品质量,所以,脱碳包选配要求把炉次 $L_{i,j}$ 选配的脱碳包($Lc_{i,j,k}=1$)的温度 $T(k)$ 控制在对应的炉次工艺所许可的范围 $T_{\min} \leq T(k) \leq T_{\max}$ 内,并选取温度尽可能高的钢包 $k$,即

$$\max T(k), T_{\min} \leq T(k) \leq T_{\max} \qquad (5.15)$$

其中,$T_{\max}$ 是炉次生产允许的钢包使用的最高温度,$T_{\min}$ 是炉次生产允许的钢包使用的最低温度,$T(k)$ 表示脱碳钢包 $k(k=1,2,\cdots,39)$ 的温度。

②由于钢包使用次数是有限的,且钢包大修后需要烘烤 56 h,中修后需要烘烤 24 h,小修后需要烘烤 16 h 才能上线使用,维护周期长,因此,为了保证有充分的钢包可用,脱碳包选配要求把炉次 $L_{i,j}$ 选配的脱碳包($Lc_{i,j,k}=1$),根据钢包寿命要求将使用次数 $L(k)$ 控制在规定范围 $L_{\min} \leq L(k) \leq L_{\max}$ 内,并尽可能选择使用次数高的脱碳包 $k$,即

$$\max L(k), L_{\min} \leq L(k) \leq L_{\max} \qquad (5.16)$$

其中,$L_{\min}$ 是炉次生产对钢包使用次数要求的下限,$L_{\max}$ 是炉次生产对钢包使用次数要求的上限,$L(k)$ 表示脱碳钢包 $k(k=1,2,\cdots,39)$ 的使用次数。

③因为不同材质的钢包成本差异很大,脱碳钢包分为三种材质,高铝质 $MT_k=5$,铝镁碳质 $MT_k=6$ 和整体包 $MT_k=7$。根据炉次 $L_{i,j}$ 工艺要求的不同,要求使用高材质的钢包不能使用低材质的钢包;反之,要求使用低材质的钢包可以使用高材质

的钢包。所以,脱碳包选配要求把炉次 $L_{i,j}$ 选配的脱碳包($Lc_{i,j,k}=1$)在炉次 $L_{ij}$ 工艺限定范围内,优先选择低材质的钢包 $k$,即

$$\min MT_k , MT_{\min} \leqslant MT_k \leqslant MT_{\max} \tag{5.17}$$

其中,$MT_{\min}$ 是炉次 $L_{i,j}$ 生产对钢包材质要求的下限;$MT_{\max}$ 是炉次 $L_{i,j}$ 生产对钢包材质要求的上限;$MT_k$ 表示脱碳包 $k(k=1,2,\cdots,39)$ 的材质。

④下水口数量不同的脱碳钢包,成本也不一样。脱碳钢包下水口数量有两种,单水口和双水口,即 $DO=1,2$。根据炉次 $L_{i,j}$ 工艺要求的不同,要求使用高下水口数量的钢包不能使用低下水口数量的钢包;反之,要求使用低下水口数量的钢包可以使用高下水口数量的钢包。所以,脱碳包选配要求把炉次 $L_{i,j}$ 选配的脱碳包($Lc_{i,j,k}=1$)在炉次 $L_{i,j}$ 工艺规定下水口数量范围内,优先选择低下水口数量的钢包 $k$,即

$$\min DO_k , DO_{\min} \leqslant DO_k \leqslant DO_{\max} \tag{5.18}$$

其中,$DO_{\min}$ 是炉次 $L_{i,j}$ 生产对钢包下水口数量要求的下限;$DO_{\max}$ 是炉次 $L_{i,j}$ 生产对钢包下水口数量要求的上限;$DO_k$ 表示脱碳包 $k,k=1,2,\cdots,39$ 的下水口数量。

(1)约束方程。

①配包顺序约束。

在炼钢—连铸的生产过程中,钢包匹配是按照炉次 $L_{i,j}$ 使用钢包的时间先后顺序进行的。设按照炉次 $L_{i,j}$ 使用钢包的时间先后顺序排序后的炉次集合 $\varPhi = \{L_1, L_2,\cdots,L_N\}$,脱磷钢包匹配在按脱磷转炉完成时间排序后的集合 $\varPhi$ 中,首先选配最先使用的炉次 $L_1$,然后按依次对炉次 $L_2,L_3,\cdots,L_N$ 匹配钢包。

$$y_{L_1,\theta}(k_1) \leqslant y_{L_2,\theta}(k_1)$$
$$y_{L_2,\theta}(k_1) \leqslant y_{L_3,\theta}(k_1)$$
$$\vdots \tag{5.19}$$
$$y_{L_{N-1},\theta}(k_1) \leqslant y_{L_N,\theta}(k_1)$$

其中,$y_{L_1,\theta}(k_1),y_{L_2,\theta}(k_1),\cdots,y_{L_N,\theta}(k_1)$ 分别表示按照时间先后顺序排序的炉次脱碳转炉结束时间,$\theta$ 为在当前炉次中的工序序数,当炉次无脱磷工艺时,$\theta=1$,否则,当有脱磷工艺时 $\theta=2$,即

$$\text{IF } Gp_{ij} = 0 \text{ THEN } \theta = 1 \tag{5.20}$$

$$\text{IF } Gp_{ij} = 1 \text{ THEN } \theta = 2 \tag{5.21}$$

②钢包可用时间约束。

在炼钢—连铸生产中,钢包如果被使用就不能选配给其他炉次,只有在被释放后才能再次被选配。当炉次超过钢包数量时,脱碳钢包 $k$ 可以再次使用条件为炉次 $L_{i,j}$ 脱碳转炉结束时间 $y_{i,j\theta}(k_1)$ 大于脱碳钢包 $k(k=1,2,\cdots,39)$ 的可用时间 $t_k$,即

$$y_{i,j\theta}(k_1) > t_k \tag{5.22}$$

其中, $y_{i,j\theta}(k_1)$ 是炉次 $L_{i,j}$ 脱碳转炉结束时间,当炉次无脱磷工艺时, $\theta = 1$,否则,有脱磷工艺时 $\theta = 2$; $t_k$ 是钢包 $k$ 的可用时间。

③钢包上水口使用次数约束。

实际生产中对一个脱碳包选配要求把炉次 $L_{i,j}$ 选配的脱碳包( $Lc_{i,j,k}=1$ ) $k(k=1,2,\cdots,39)$ 上水口使用次数要在炉次 $L_{i,j}$ 工艺规定的范围之内。

$$UP^{i,j}_{\min} \leqslant UP_k \leqslant UP^{i,j}_{\max} \tag{5.23}$$

其中, $UP^{i,j}_{\min}$ 是炉次 $L_{i,j}$ 工艺对钢包水口使用次数的最低要求; $UP_k$ 是钢包 $k$ 的上水口使用次数; $UP^{i,j}_{\max}$ 是炉次 $L_{i,j}$ 工艺对钢包水口使用次数的最高要求。

④钢包烘烤时间约束。

炉次要求钢包的烘烤时间在规定的范围内。例如,炉次 $L_{i,j}$ 是连铸第一炉,禁止使用新包,即

$$L_{i1}(k) \neq 0 \tag{5.24}$$

其中, $L_{i1}(k)$ 是第 $i$ 个浇次的第 1 个炉次选择的钢包。

(2)决策变量。

在炼钢—精炼—连铸的生产过程中,每个炉次 $L_{i,j}$ 必须选择脱碳包,对于每个有脱碳工艺的炉次都要选择一个脱碳包 $k(k=1,2,\cdots,39)$ 。

$$\sum Lc_{i,j,k} = 1 \tag{5.25}$$

针对主设备调度计划中每个炉次 $L_{i,j}$ 对钢包的要求不同,需要为每一个炉次 $L_{i,j}$ 决策出适合炉次 $L_{i,j}$ 的脱碳钢包 $k$,即决策相应的脱碳钢包 $k$,为对应的 $Lc_{i,j,k}$ 赋值,如果炉次 $L_{i,j}$ 选配脱碳钢包 $k(k=1,2,\cdots,39)$,则取值为1,否则为0。

综上所述,脱碳钢包选配以钢包温度最高、钢包寿命最长、钢包材质等级最低和钢包上水口数量最小为性能指标,以钢包温度在规定范围内、钢包寿命在规定范围内、钢包材质在炉次规定范围内、钢包维护结束时间早于炉次加工开始时间、钢

包上水口使用次数在炉次规定的范围之内和连铸第一个炉次要求钢包烘烤时间为约束,决策脱碳钢包 $k(k=1,2,\cdots,39)$。

### 5.2.4 脱碳钢包优化选配难点分析

钢包选配问题是一个多目标、多约束的复杂数学问题,钢包选配问题目标(如温度、寿命、材质、下水口数量等)的性能指标取值都是要在工艺许可的取值区间内,但是例如"在钢包温度规定范围内选择温度尽可能高的钢包"和"在钢包寿命规定范围内选择寿命尽可能长的钢包"这样的目标很难同时得到满足。对于这类具有多冲突目标的动态系统的优化难题,无法通过加权方式转换为单目标问题进行求解,也难以采用运筹学优化方法。

# 5.3 钢包智能调度方法

本节采用基于最小一般泛化的规则推理、启发式和基于甘特图编辑的人机交互等智能方法与钢包调度过程的特点相结合,提出了钢包智能调度方法,包括基于最小一般泛化规则推理的钢包选配方法,基于多优先级的启发式钢包路径编制方法,基于冲突解消策略和基于甘特图编辑的人机交互调整炉次的启发式天车调度方法。

## 5.3.1 最小一般泛化与规则推理相结合的钢包选配算法

### 5.3.1.1 钢包选配对生产效率影响程度分析

钢包选配包括脱磷钢包选配和脱碳钢包选配两种不同的钢包选配,针对这两种选配分别分析它们对生产效率的影响程度。

对于脱磷钢包选配来说,已知条件如下。

①炉次 $L_{i,j}$ 在转炉、精炼炉和连铸机上的标准加工时间已知;炉次 $L_{i,j}$ 在连铸机上的最大加工时间已知。

②$T_{i,j}(k_g)$ 表示炉次 $L_{i,j}$ 在第 $g$ 类设备的第 $k_g$ 机器上标准加工时间。一个炉次在转炉、同类型精炼炉上标准加工时间是相同的,不同炉次在同一设备上标准加工

时间是不同的,这与该炉次的钢种相关。$T_{i,j}^H(k_5)$ 表示炉次 $L_{i,j}$ 在连铸机上的最长浇铸时间。

③炉次的运行状态已知,可以诱导炉次在设备上的加工状态。

$\beta_{i,j,\theta}$ 表示炉次 $L_{i,j}$ 在设备上(第 $\theta$ 个操作)的加工状态。有三种状态,$\beta_{i,j,\theta}=2$ 表示"已完成";$\beta_{i,j,\theta}=1$ 表示"在加工";$\beta_{i,j,\theta}=0$ 表示"未加工"。

④"已完成"炉次在加工设备上的实际结束时间已知;"在加工"炉次在加工设备上的实际开工时间已知。

$ST_{i,j,\theta}^g(k_g)$ 表示"在加工"炉次 $L_{i,j}$ 在第 $g$ 类设备的第 $k_g(k_g$ 已知)个机器上(第 $\theta$ 个操作)的开工时间;$ET_{i,j,\theta}^g(k_g)$ 表示"已完成"炉次 $L_{i,j}$ 在第 $g$ 类设备的第 $k_g$ 个机器上(第 $\theta$ 个操作)的加工结束时间。

对于脱磷钢包来说,最重要的影响因子就是钢包温度,由于炉次对钢包温度的要求较高,如果温度未达标,即当 $T_{i,j}(k) \notin [T_{\min}^{i,j}, T_{\max}^{i,j}]$ 时,就要增加冶炼时间,或对钢包进行加热,这样不但降低了生产效率,而且也会影响产品质量。其中,最重要的是对炉次生产计划产生了影响。炼钢厂炉次生产调度控制的原则是"全面贯彻炼钢系统运行的炉机对应原则、能耗尽量小原则、连浇原则"。以连铸为中心的生产组织原则,在充分发挥连铸工序生产能力的前提下,根据炼钢、精炼、连铸工序的约束条件,合理组织生产,优化生产钢种的工艺路径,确保系统连浇与各工序资源的可调度,减少生产过程温降和不良因素的介入,总结起来有以下几点:①钢包选配要保证炉次运输时间最短、生产温度变化最小原则;②尽量确保连铸机连浇,不要产生断浇。具体描述如下。

(1)在同一台连铸机上相邻炉次断浇时间尽可能小。

连铸是炼钢—连铸生产过程中的瓶颈工序;同时连铸机也是高费用设备,每开启一次机器都需要用电费用、设备调整时间、中间包的更换和辅助材料消耗(结晶器)。为了提高产能、降低生产成本,尽可能使在同一台连铸机上的炉次连续浇铸,以此来降低总调整费用,提高铸坯的产量,降低能耗。现场只有三台连铸机,同一个时刻最多有三个浇次。第 1 台连铸机上的炉次间断浇 $J_1$ 最小;第 2 台连铸机上的炉次间断浇 $J_2$ 最小;第 3 台连铸机上的炉次间断浇 $J_3$ 最小。

第 1 台连铸机上的炉次间断浇之和

$$J_1 = \sum_{j=1}^{N_1-1} \Delta T_{j,j+1}(1) \tag{5.26}$$

其中,

$$\Delta T_{j,j+1}(1) = \frac{(2 - \beta_{1,j,\vartheta_{1j}})(1 - \beta_{1,j,\vartheta_{1j}})}{2}(x_{1,j+1,\vartheta_{1,j+1}}^5(1) - x_{1,j,\vartheta_{1j}}^5(1) - y_{1,j,\vartheta_{1j}}^5(1))$$

$$+ (2 - \beta_{1,j,\vartheta_{1j}})\beta_{1,j,\vartheta_{1j}}(x_{1,j+1,\vartheta_{1,j+1}}^5(1) - ST_{1,j,\vartheta_{1j}}^5(1) - y_{1,j,\vartheta_{1j}}^5(1))$$

式中,第一项为炉次 $L_{i,j}$ 在连铸机上未开始加工($\beta_{1,j,\vartheta_{1j}} = 0$);第二项为炉次 $L_{i,j}$ 在连铸机上正在加工($\beta_{1,j,\vartheta_{1j}} = 1$)。

第 2 台连铸上炉次间断浇之和

$$J_2 = \sum_{j=1}^{N_2-1} \Delta T_{j,j+1}(2) \tag{5.27}$$

其中,

$$\Delta T_{j,j+1}(2) = \frac{(2 - \beta_{2,j,\vartheta_{2j}})(1 - \beta_{2,j,\vartheta_{2j}})}{2}(x_{2,j+1,\vartheta_{2,j+1}}^5(2) - x_{2,j,\vartheta_{2j}}^5(2) - y_{2,j,\vartheta_{2j}}^5(2))$$

$$+ (2 - \beta_{2,j,\vartheta_{2j}})\beta_{2,j,\vartheta_{2j}}(x_{2,j+1,\vartheta_{2,j+1}}^5(2) - ST_{2,j,\vartheta_{2j}}^5(2) - y_{2,j,\vartheta_{2j}}^5(2))$$

第 3 台连铸机上的炉次间断浇之和

$$J_3 = \sum_{j=1}^{N_3-1} \Delta T_{j,j+1}(3) \tag{5.28}$$

其中,

$$\Delta T_{j,j+1}(3) = \frac{(2 - \beta_{3,j,\vartheta_{3j}})(1 - \beta_{3,j,\vartheta_{3j}})}{2}(x_{3,j+1,\vartheta_{3,j+1}}^5(3) - x_{3,j,\vartheta_{3j}}^5(3) - y_{3,j,\vartheta_{3j}}^5(3))$$

$$+ (2 - \beta_{3,j,\vartheta_{3j}})\beta_{3,j,\vartheta_{3j}}(x_{3,j+1,\vartheta_{3,j+1}}^5(3) - ST_{3,j,\vartheta_{3j}}^5(3) - y_{3,j,\vartheta_{3j}}^5(3))$$

(2)炉次从转炉到精炼、精炼到精炼、精炼到连铸运输过程的冗余等待时间尽可能小。

炼钢生产过程,被加工的物流对象(炉次)在高温、高能耗情况下由液态(钢水)向固态(拉铸成坯)的转化,连铸对钢水的温度有着严格的要求,要求钢水按照规定的目标温度到达连铸工序,否则会延长生产时间或需要进行回炉升温处理。所以,严格控制炼钢—连铸生产过程中炉次不同设备之间冗余等待时间,将有助于减少因等待使钢水温降的情况,从而达到降低能耗,减少加热成本的目的。现场只有三台连铸机,同一个时刻最多有 3 个浇次。第 1 个浇次内的炉次在不同设备之间冗余等待时间 $J_4$ 最小;第 2 个浇次内的炉次在不同设备之间冗余等待时间 $J_5$ 最小;第 3 个浇次内的炉次在不同设备之间的冗余等待时间 $J_6$ 最小。

浇次 1 中所有炉次在不同设备之间的冗余等待时间累加和

$$J_4 = \sum_{j=1}^{N_1} d_j(1) \qquad (5.29)$$

其中,

$$d_j(1) = \sum_{\theta=1}^{\theta_{1j}-1}$$

式中,第一项表示炉次 $L_{1,j}$ 在相应设备上未开始加工($\beta_{1,j,\theta}=0$);第二项表示炉次 $L_{1,j}$ 在相应设备上正在加工($\beta_{1,j,\theta}=1$),其开工时间 $ST_{1,j,\theta}^{g_1}(k_{g_1})$ 为常数;第三项表示炉次 $L_{1j}$ 在相应设备上加工结束($\beta_{1,j,\theta}=2$),其结束时间 $ET_{1,j,\theta}^{g_1}(k_{g_1})$ 为常数,炉次的下一个操作(第 $\theta+1$ 个)未开始加工($\beta_{1,j,\theta+1}=0$)。

浇次 2 中所有炉次在不同设备之间的冗余等待时间累加和

$$J_5 = \sum_{j=1}^{N_2} d_j(2) \qquad (5.30)$$

其中,

$$d_j(2) = \sum_{\theta=1}^{\theta_{2,j}-1}$$

浇次 3 中所有炉次在不同设备之间的冗余等待时间累加和

$$J_6 = \sum_{j=1}^{N_3} d_j(3) \qquad (5.31)$$

其中,

$$d_j(3) = \sum_{\theta=1}^{\theta_{3,j}-1}$$

因为炼钢生产过程,炉次在高温、高能耗中由液态(钢水)向固态(拉铸成坯)的转化,连铸对钢水的温度有着严格的要求,要求钢水按照规定的目标温度到达连铸工序,否则就会延长生产时间或需要进行回炉升温的处理。所以,脱磷包的选配为了满足炉次生产的要求主要表现在式(5.32)~(5.34)三个目标。

①脱磷包选配要求把脱磷包温度 $T_{i,j}(k)$($k=81,82,83,84$)控制在炉次工艺许可的范围 $T_{\min}^{i,j} \leqslant T(k) \leqslant T_{\max}^{i,j}$ 内,并使其尽可能高,即要求

$$\max T(k) \qquad (5.32)$$

②由于钢包使用次数是有限的,且钢包大修后至少需要烘烤 56 h 才能上线使

用,维护周期较长。因此,为了保证有充分的钢包可用,需要根据钢包寿命要求将脱磷包使用次数 $L(k)$ 控制在规定范围 $0 \leqslant L(k) < 150$ 内,尽可能选择使用次数高的脱磷包 $k(k \in \Omega)$ 即要求

$$\max L(k) \tag{5.33}$$

③脱磷钢包分为在线包和非在线包两种,在线包可用直接使用,而非在线包需要进行维护后才能使用,所以,期望优先选配 $0 < T_k^{i,j} \leqslant 10$ 的在线脱磷包 $k(k \in \Omega)$ 使用结束 10 min 以内的钢包,无可用在线包时才选配 $T_k^{i,j} = 0$ 的非在线脱磷包 $k$ $(k \in \Omega)$ 即要求

$$\max T_k^{i,j} \tag{5.34}$$

对于脱碳钢包选配来说,其在炼钢—精炼—连铸生产中首先要受到生产工艺的约束,必须满足工艺要求。

①因为不同材质的钢包成本差异很大,炉次 $L_{i,j}$ 工艺要求使用高材质的钢包不能使用低材质的钢包;反之,工艺要求使用低材质的钢包可以使用高材质的钢包。所以,在炉次 $L_{i,j}$ 工艺限定范围 $MT_{\min}^{i,j} \leqslant MT_k^{i,j} \leqslant MT_{\max}^{i,j}$ 内,优先选择低材质的钢包,即

$$\min MT_k^{i,j} \tag{5.35}$$

其中,$MT_{\min}^{i,j}$ 是炉次 $L_{i,j}$ 生产对钢包材质要求的下限;$MT_{\max}^{i,j}$ 是炉次 $L_{i,j}$ 生产对钢包材质要求的上限;$MT_k^{i,j}$ 表示炉次 $L_{i,j}$ 选配的脱碳包 $k(k = 1, 2, \cdots, 39)$ 的材质。

②下水口数量不同的脱碳钢包,成本也不一样。炉次 $L_{i,j}$ 工艺要求使用高下水口数量的钢包不能使用低下水口数量的钢包;反之,低下水口数量的钢包可以使用高下水口数量的钢包。所以,在炉次 $L_{i,j}$ 工艺规定范围 $DO_{\min}^{i,j} \leqslant DO_k^{i,j} \leqslant DO_{\max}^{i,j}$ 内,优先选择低下水口数量的钢包,即

$$\min DO_k^{i,j} \tag{5.36}$$

其中,$DO_{\min}^{i,j}$ 是炉次 $L_{i,j}$ 生产对钢包下水口数量要求的下限;$DO_{\max}^{i,j}$ 是炉次 $L_{i,j}$ 生产对钢包下水口数量要求的上限;$DO_k^{i,j}$ 表示炉次 $L_{i,j}$ 选配的脱碳包 $k(k = 1, 2, \cdots, 39)$ 的下水口数量。

③由于钢包使用次数是有限的,且钢包大修后至少需要烘烤 56 h 才能上线使用,维护周期较长,因此,为了保证有充分的钢包可用,需要根据钢包寿命要求将脱碳包使用次数 $L(k)$ 控制在规定范围内,即

$$L_{\min}^{i,j} \leqslant L(k) \leqslant L_{\max}^{i,j} \tag{5.37}$$

其中，$L_{\min}^{i,j}$ 是炉次 $L_{i,j}$ 生产对钢包使用次数要求的下限；$L_{\max}^{i,j}$ 是炉次 $L_{i,j}$ 生产对钢包使用次数要求的上限；$L(k)$ 表示炉次 $L_{i,j}$ 选配脱碳钢包 $k(k=1,2,\cdots,39)$ 的使用次数。

④脱碳包选配要求把脱碳包温度 $T_{i,j}(k)$ 控制在炉次工艺许可的范围内，即

$$T_{\min}^{i,j} \leqslant T(k) \leqslant T_{\max}^{i,j} \tag{5.38}$$

其中，$T_{\max}^{i,j}$ 是炉次 $L_{i,j}$ 生产允许的钢包使用的最高温度；$T_{\min}^{i,j}$ 是炉次 $L_{i,j}$ 生产允许的钢包使用的最低温度；$T_{i,j}(k)$ 表示炉次 $L_{i,j}$ 选配脱碳钢包 $k(k=1,2,\cdots,39)$ 的温度。

此外，如下三类特殊钢种对钢包有额外的要求。

①如果炉次 $L_i$ 含有 LF 精炼，需要选择上水口次数不大于 15 次，包龄小于 100 的钢包，即 IF $\exists k_5$ in $L_i$ Then $UP_k \leqslant 15$ and $L(k) < 100$。

②如果炉次的钢种是钢帘线（钢种头两位是 KK 或 XK），需要选择包龄小于 50 次，上水口使用次数大于等于 2 且小于 10 的钢包，即 IF $Sk_{1,2} = $ KK or $Sk_{1,2} = $ XK THEN $2 \leqslant UP_k \leqslant 10$ and $L(k) < 50$（$Sk_{a,b}$ 表示炉次钢种第 $a$ 位到第 $b$ 位的值）。

③如果炉次是连铸第一炉，禁止使用新包，炉次要求钢包的烘烤时间在规定的范围内。例如，炉次 $L_{i,j}$ 是连铸第一炉，禁止使用新包，即 $L_{i,1}(k) \neq 0$。

脱碳钢包选配温度的高低影响到炉次在不同设备之间的冗余等待时间，如果选配的钢包温度较低，导致钢包温降不能满足炉次加工的要求，那么就会导致钢包升温事件的发生，影响到炉次计划的正常执行。

综上所述，脱碳钢包的选配是否合理主要会影响炉次计划的冗余等待时间，炉次 $L_{1,j}$ 在设备上的加工状态 $\beta_{1,j,\theta}$ 包括三种情况，炉次 $L_{1,j}$ 在不同设备之间的冗余等待时间描述如下。

第一种情况：炉次 $L_{1,j}$ 在第 $g_1$ 类设备的第 $k_{g_1}$ 机器上（第 $\theta$ 个操作）未开始加工（$\beta_{1,j,\theta}=0$）。炉次 $L_{1,j}$ 在不同设备之间的冗余等待时间，可以由第 $\theta$ 个操作在机器 $k_{g_1}$ 上的开工时间 $x_{1,j,\theta}^{g_1}(k_{g_1})$ 和加工时间 $T_{1,j}(k_{g_1})$，第 $\theta+1$ 个操作在机器 $k_{g_2}$ 上的开工时间 $x_{1,j,\theta+1}^{g_2}(k_{g_2})$ 和两设备间的标准运输时间 $T_{g_1,g_2}(k_{g_1},k_{g_2})$ 来表示

$$\frac{(2-\beta_{1,j,\theta})(1-\beta_{1,j,\theta})}{2}\left[x_{1,j,\theta+1}^{g_2}(k_{g_2}) - x_{1,j,\theta}^{g_1}(k_{g_1}) - T_{1,j}(k_{g_1}) - T_{g_1,g_2}(k_{g_1},k_{g_2})\right]$$

$$\tag{5.39}$$

第二种情况：炉次 $L_{1,j}$ 在机器 $k_{g_1}$ 正在加工（$\beta_{1,j,\theta}=1$）。炉次 $L_{1,j}$ 在第 $g_1$ 类设备

的第 $k_{g_1}$ 机器上的开工时间 $ST^{g_1}_{1,j,\theta}(k_{g_1})$（已知常数），冗余等待时间为

$$(2 - \beta_{1,j,\theta})\beta_{1,j,\theta}\left[x^{g_2}_{1,j,\theta+1}(k_{g_2}) - ST^{g_1}_{1,j,\theta}(k_{g_1}) - T_{1,j}(k_{g_1}) - T_{g_1,g_2}(k_{g_1},k_{g_2})\right]$$

$$(5.40)$$

第三种情况：炉次 $L_{1,j}$ 在机器 $k_{g_1}$ 上加工结束（$\beta_{1,j,\theta} = 2$），并且炉次 $L_{1,j}$ 在 $g_2$ 类设备的第 $k_{g_2}$ 机器上（第 $\theta+1$ 个操作）未开始加工（$\beta_{1,j,\theta+1} = 0$）。炉次 $L_{1,j}$ 在第 $g_1$ 类设备的第 $k_{g_1}$ 机器上的结束时间 $ET^{g_1}_{1,j,\theta}(k_{g_1})$（已知常数），冗余等待时间为

$$\frac{(\beta_{1,j,\theta} - 1)\beta_{1,j,\theta}}{2} \times \frac{(2 - \beta_{1,j,\theta+1})(1 - \beta_{1,j,\theta+1})}{2}\left[x^{g_2}_{1,j,\theta+1}(k_{g_2}) - ET^{g_1}_{1,j,\theta}(k_{g_1}) - T_{g_1,g_2}(k_{g_1},k_{g_2})\right]$$

$$(5.41)$$

根据对脱碳钢包选配问题进行分析，如果钢包选配不合理，会对炉次计划的执行产生不利的影响，导致炉次可能无法按照计划执行任务，这时候脱碳包选配就要尽可能保证。

（1）同一台转炉或精炼炉上的相邻炉次不能产生作业冲突。

根据炉次 $L_{i,j}$ 在设备上（第 $\theta$ 个操作，$\theta = 1,\ldots,\vartheta_{i,j} - 1$）的加工状态 $\beta_{i,j,\theta}$，紧后加工炉次为浇次 $i^*(i)$ 第 $j^*(j)$ 个炉次（第 $\theta(i^*(i),j^*(j))$ 个操作），同一台转炉或精炼炉上的相邻炉次不能有时间冲突，

$$(2 - \beta_{i,j,\theta})(1 - \beta_{i,j,\theta})\left[x^g_{i^*(i)j^*(j),\theta(i^*(i)j^*(j))}(k_g) - x^g_{i,j,\theta}(k_g) - T_{i,j}(k_g) + \right.$$
$$\left. U(2 - \delta^g_{i,j,\theta}(k_g) - \delta^g_{i^*(i)j^*(j),\theta(i^*(i)j^*(j))}(k_g))\right] + (2 - \beta_{i,j,\theta})$$
$$\beta_{i,j,\theta}\left[x^g_{i^*(i)j^*(j),\theta(i^*(i)j^*(j))}(k_g) - ST^g_{i,j,\theta}(k_g) - T_{i,j}(k_g) \right.$$
$$\left. + U(1 - \delta^g_{i^*(i)j^*(j),\theta(i^*(i)j^*(j))}(k_g))\right] \geqslant 0$$

$$i^*(i),i \in \{1,2,3\},j^*(j),j \in \{1,\cdots,N_i\},j^*(j) \neq j,g \in \{1,2,3,4\},$$

$$\theta \in \{1,\cdots,\vartheta_{i,j} - 1\},\theta(i^*(i),j^*(j)) \in \{1,\cdots,\vartheta_{i^*(i),j^*(j)} - 1\} \quad (5.42)$$

式中，第一项表示炉次 $L_{i,j}$ 在相应设备上未开始加工（$\beta_{i,j,\theta} = 0$）；第二项表示炉次 $L_{i,j}$ 在相应设备上正在加工（$\beta_{i,j,\theta} = 1$），其开工时间 $ST^g_{i,j,\theta}(k_g)$ 为常数。

（2）同一台连铸机上的相邻炉次不能产生作业冲突。

炉次 $L_{i,j}$ 的连铸工序 $\vartheta_{i,j}$ 在连铸机 $k_5$ 上加工，且加工顺序已知。根据炉次 $L_{i,j}$ 在连铸机 $k_5$ 上的加工状态 $\beta_{i,j,\vartheta_{i,j}}$ 同一台连铸机上的相邻炉次不能有作业冲突，

$$(2 - \beta_{i,j,\vartheta_{i,j}})(1 - \beta_{i,j,\vartheta_{i,j}})\left[x^5_{i,j+1,\vartheta_{i,j+1}}(k_5) - x^5_{i,j,\vartheta_{i,j}}(k_5) - y^5_{i,j,\vartheta_{i,j}}(k_5)\right] +$$
$$(2 - \beta_{i,j,\vartheta_{i,j}})\beta_{i,j,\vartheta_{i,j}}\left(x^5_{i,j+1,\vartheta_{i,j+1}}(k_5) - ST^6_{i,j,\vartheta_{i,j}}(k_5) - y^5_{i,j,\vartheta_{i,j}}(k_5)\right) \geqslant 0,(\forall i,\forall j)$$

$$(5.43)$$

式中,第一项表示炉次 $L_{i,j}$ 在连铸机上未开始加工($\beta_{i,j,\vartheta_{i,j}}=0$);第二项表示炉次 $L_{i,j}$ 在连铸机上正在加工($\beta_{i,j,\vartheta_{i,j}}=1$)。

### 5.3.1.2　基于最小一般泛化方法的脱磷钢包优化选配规则提取

在炼钢—连铸生产过程中,根据工艺不同钢包选配包括脱磷钢包选配和脱碳钢包选配两种不同的钢包选配。本小节基于最小一般泛化方法提取钢包优化选配规则。

首先,提取所有需要选配脱磷包的炉次,并按照脱磷转炉的完工时间先后对炉次集合 $\Phi=\{L_1,L_2,\cdots,L_N\}$ 排序,即

$$y_{L_1,1}(k_1) \leqslant y_{L_2,1}(k_1)$$
$$y_{L_2,1}(k_1) \leqslant y_{L_3,1}(k_1)$$
$$\vdots$$
$$y_{L_{N-1},1}(k_1) \leqslant y_{L_N,1}(k_1)$$

$$(5.44)$$

其中,$y_{L_1,1}(k_1),y_{L_2,1}(k_1),\cdots,y_{L_N,1}(k_1)$ 为炉次 $L_1,L_2,\cdots,L_N$ 的脱磷转炉结束时间。

其次,初始化脱磷包集合 $\Omega=\{81,82,83,84\}$ 依次为炉次 $L_n$ 优选脱磷包时,从脱磷包集合 $\Omega$ 中排除不满足当前炉次温度、寿命和可用时间约束的脱磷包,得到炉次 $L_n$ 的可用脱磷包集合 $\Omega$,即

$$\text{IF } L(k_i) > 150 \text{ THEN } \Omega = \Omega - \{k_i\} \qquad (5.45)$$
$$\text{IF } T_{\min} > T(k_i) \text{ or } T(k_i) > T_{\max} \text{ THEN } \Omega = \Omega - \{k_i\} \qquad (5.46)$$
$$\text{IF } y_{L_i,1}(k_1) < t_{k_i} \text{ THEN } \Omega = \Omega - \{k_i\} \qquad (5.47)$$

其中,$T(k_i)$ 为钢包温度;$L(k_i)$ 为钢包寿命;$k_i$ 为钢包序号,$y_{L_i,1}(k_1)$ 为炉次 $L_i$ 的脱磷转炉结束时间。

再次,最小一般泛化法(LGG)可以直接将一个或多个正例所对应的具体事实作为初始规则,再对规则逐步进行泛化以增加其对样例的覆盖率对脱磷包选配规则进行提取。在炼钢—精炼—连铸生产中,同一时刻最多有 2 个脱磷转炉可同时处理,对于需要脱磷包的炉次来说,最多有 2 个在线包可以选用;根据炉次 $L_i$ 和可用脱磷包集合 $\Omega$ 中脱磷包的状态判断所处工况,并依据相应规则选配脱磷包。其基本思路如下:

对于给定一阶公式 $r_1$ 和 $r_2$，LGG 先找出相同谓词的文字，然后对文字中每个位置的常量逐一进行考查，若常量在两个文字中相同则保持不变，记为 $LGG(s,t) = V$，并且在以后所有出现 $LGG(s,t)$ 的位置用 $V$ 来代替。然后，LGG 忽略 $r_1$ 和 $r_2$ 不含有共同谓词的文字，若最小一般泛化法包含的某条公式所没有的谓词，则最小一般泛化法无法特化为哪条公式。在脱磷钢包选配规则提取中设该方法为学习器 A。

相对最小一般泛化（RLGG）将样例 $e$ 的初始规则定义为 $e \leftarrow K$，其中 $K$ 是背景知识中所有原子的和取。在脱磷钢包选配规则提取中设该方法为学习器 B。

脱磷钢包规则提取学习器的评估与选择首先要选择实验评估方法；然后要有评价学习器衡量泛化能力的标准，即性能度量；最后，为了比较学习器 A 和 B 性能优劣还要进行比较检验。

（1）评估方法。

在脱磷钢包选配规则提取中，为了避免脱磷钢包选配规则提取通过训练数据学习到的钢包选配规则出现"过拟合"和"欠拟合"现象，采用留出法[231]进行评估。脱磷钢包选配规则提取采用随机划分、重复进行试验评估后取平均值作为留出法的评估结果。本书选取 2/3 的数据样本用于规则提取训练，1/3 数据样本用来评估测试误差。

（2）性能度量。

在脱磷钢包选配规则提取中，定义错误率为分类错误的样本数占样本总数的比例，精度是分类正确的样本数占样本总数的比例。对脱磷钢包选配规则提取样例集 $D$，其分类错误率定义为

$$E(f;D) = \frac{1}{m} \sum_{i=1}^{m} \mathbb{I}(f(x_i) \neq y_i) \qquad (5.48)$$

精度定义为

$$\mathrm{acc}(f;D) = \frac{1}{m} \sum_{i=1}^{m} \mathbb{I}(f(x_i) = y_i) =$$
$$1 - E(f;D) \qquad (5.49)$$

对应钢包选配这类二分类问题，将钢包选配测试样例按照真实类别和学习器预测类别划分为真正例、假正例、真反例和假反例四种情况，令 $TP$、$FP$、$TN$、$FN$ 分别表示其对应的样例数，则有 $TP + FP + TN + FN =$ 样例总数。则定义查准率 $P$ 和

查全率 $R$ 分别为

$$P = \frac{TP}{TP + FP} \qquad (5.50)$$

$$R = \frac{TP}{TP + FN} \qquad (5.51)$$

按照学习器的对钢包选配的预测结果对样例进行排序,并规定排在前面的是学习器认为"最可能"是正例的规则,排在后面的是学习器认为"最不可能"是正例的规则。按此顺序逐个把规则样本作为正例进行预测,并计算当前样例的查准率、查全率。定义"平衡点"为查准率等于查全率时的取值。基于 BEP 可以比较学习器 A 和 B 的优劣。在此基础上基于定义 $F_\beta$ 对 LGG 和 RLGG 进行度量,

$$F_\beta = \frac{(1 + \beta^2) \times P \times R}{(\beta^2 \times P) + R} \qquad (5.52)$$

其中, $\beta = 1$ 时查准率和查全率同样重要; $\beta > 1$ 时查全率有更大的影响; $\beta < 1$ 时查准率有更大的影响。对于脱磷钢包选配来说,为了保证生产安全,查准率是最为重要的,要求达到最高。LGG 和 RLGG 都能满足错误率、精度和查准率的要求。

(3)比较检验。

针对钢包选配这类二分类问题,使用留出法不但可以估计出学习器 A 和学习器 B 的测试误差率,还可获得 LGG 和 RLGG 结果的差别,即两者都正确、都错误、一个正确另一个错误的样本数。假设 LGG 和 RLGG 性能相同,则 $e_{01} = e_{10}$,那么有 $|e_{01} - e_{10}|$ 服从正态分布,且均值为 1,方差为 $e_{01} + e_{10}$,则有

$$\tau_{\chi^2} = \frac{(\,|e_{01} - e_{10}| - 1)^2}{e_{01} - e_{10}} \qquad (5.53)$$

服从自由度为 1 的 $\chi^2$ 分布。则给定显著度 $\alpha = 0.05$,当以上变量值小于临界值 $\chi_\alpha^2 = 3.841\,5$ 时,不能拒绝假设,即 LGG 和 RLGG 性能没有差别;否则拒绝假设,即认为 LGG 和 RLGG 性能有显著差别,且平均错误率较小的学习器性能较优。综上所述,使用现场数据进行规则提取,并比较学习器 A 和 B 性能优劣,并通过现场专家的校验,认为学习器 A 性能更优,得到的钢包选配规则如下。

(1)只有一个在线包可用(R1)。

Rule 1:只有一个可用在线脱磷包。

在线包比非在线包运输距离短,并且温度通常要高于非在线包,所以,脱磷包

选配时优先选配在线包。如果只有一个在线脱磷包 $k_1$ 符合当前需选配的炉次 $L_n$ 的要求,即如果可用在线脱磷包数量 $N_z = 1$,那么就选配该在线脱磷包 $k_1$。提出的规则 Rule1 表示如下:

$$IF\ N_z = 1\ THEN\ k_1\ for\ L_n \tag{5.54}$$

其中,$N_z$ 是符合约束的在线脱磷包数量;$L_n$ 为当前需要选配脱磷包的炉次,$Z(k_1) > 0$。

(2)有两个在线包可用(R2)。

Rule 2.1:有两个可用在线脱磷包,温度不同。

在线包比非在线包运输距离短,并且温度通常要高于非在线包,因此,脱磷包选配优先选配在线包。温度高的钢包不但节省能耗,而且承受温度变化的范围大,鲁棒性高。当有两个符合炉次 $L_{i,j}$ 约束的在线脱磷包 $k_1$ 和 $k_2$,即在线脱磷包数量 $N_z = 2$,且 $k_1$ 和 $k_2$ 温度不同,设 $T(k_1) > T(k_2)$,则为炉次 $L_i$ 选配温度高的脱磷包 $k_1$。提出的规则 Rule 2.1 表示如下:

$$IF\ N_z = 2\ and\ T(k_1) > T(k_2)\ THEN\ k_1\ for\ L_n \tag{5.55}$$

其中,$N_z$ 是符合约束的在线脱磷包数量;$L_n$ 为当前需要选配脱磷包的炉次;$Z(k_i) > 0 (i = 1, 2)$。

Rule 2.2:有两个可用在线脱磷包,温度相同,寿命不同。

在线包比非在线包运输距离短,并且温度通常要高于非在线包,脱磷包优先选配在线包。温度高的钢包不但节省能耗,而且承受温度变化的范围大,鲁棒性高。钢包完全维护周期长达数天,如果平均使用钢包会导致同一时间段内过多钢包不能使用,甚至出现无包可用情况,因此,配包的时候要优先选配使用次数高的脱磷包。如果有两个在线脱磷包 $k_1$ 和 $k_2$ 符合需选配的炉次 $L_{i,j}$ 的要求,即在线脱磷包数量 $N_z = 2$,这两个钢包温度相同,即 $T(k_1) = T(k_2)$,使用次数不同,设 $L(k_1) > L(k_2)$;那么在 $k_1$ 和 $k_2$ 中优先选配使用次数高的脱磷包 $k_1$。因此,提出的规则 Rule 2.2 表示如下,

$$IF\ N_z = 2\ and\ T(k_1) = T(k_2)\ and\ L(k_1) > L(k_2)\ THEN\ k_1\ for\ L_n \tag{5.56}$$

其中,$Z(k_i) > 0 (i = 1, 2)$。

Rule 2.3:有两个可用在线脱磷包,温度相同,寿命相同。

如果有两个在线脱磷包 $k_1$ 和 $k_2$ 符合当前需选的炉次 $L_{i,j}$ 的要求,即在线脱

磷包数量 $N_z = 2$,且这两个钢包温度和寿命相同,即 $T(k_1) = T(k_2)$,$L(k_1) = L(k_2)$;设 $k_1$ 钢包序号小于 $k_2$,即 $k_1 < k_2$,那么就选配钢包号低的脱磷包 $k_1$。提出的规则 Rule 2.3 表示如下,

$$\text{IF } N_z = 2 \text{ and } T(k_1) = T(k_2) \text{ and } L(k_1) = L(k_2) \text{ and } k_1 < k_2 \text{ THEN } k_1 \text{ for } L_n$$

$$(5.57)$$

其中,$k_i$ 为钢包序号,$Z(k_i) > 0 (i = 1,2)$。

(3)无可用在线包,有可用非在线包(R3)。

Rule 3.1:无可用在线包,只有一个符合炉次约束的非在线脱磷包 $k_1$。

如果只有一个非在线脱磷包符合要求,即 $N_z = 0$,$N_f = 1$,即可用脱磷包集合 $\Omega = \{k_1\}$,那么就选配该脱磷包。提出的规则 Rule 3.1 表示如下,

$$\text{IF } N_z = 0 \text{ and } N_f = 1 \text{ THEN } k_1 \text{ for } L_n \qquad (5.58)$$

其中,$N_z$ 为符合约束的在线脱磷包数量;$N_f$ 为符合约束的非在线脱磷包数量;$L_n$ 为当前需要选配脱磷包的炉次,$Z(k_1) = 0$。

Rule 3.2:无可用在线包,有多个可用非在线包,其中温度最高的钢包只有一个。

要优先选配温度高的脱磷包。无可用在线包,即 $N_z = 0$,有多个可用非在线包,即 $N_f > 1$,其中温度最高的钢包只有一个,设温度最高的脱磷包为 $k_1$,即 $T(k_1) > T(k_i)(i \neq 1)$ 为炉次选配温度高的脱磷包。提出的规则 Rule 3.2 表示如下,

$$\text{IF } N_z = 0 \text{ and } N_f > 1 \text{ and } T(k_1) > T(k_i) \text{ THEN } k_1 \text{ for } L_n \qquad (5.59)$$

其中,$T(k_i)$ 为钢包温度,$k_i = k_1, k_2, k_3$。

Rule 3.3:无可用在线包,有多个可用非在线包,温度最高的钢包不只一个,在温度最高的钢包中使用次数最高的钢包只有一个。

无可用在线包,即 $N_z = 0$,有多个可用非在线包,即 $N_f > 1$,温度最高的钢包大于一个,即温度最高的钢包可能有 2 个、3 个或 4 个,在温度最高的脱磷包中使用次数最高的钢包只有一个,设 $L(k_1) > L(k_i)$,$i \neq 1$,那么在这些钢包中为炉次选配使用次数高的脱磷包 $k_1$。

当温度最高的钢包可能有 2 个时,即 $N_f = 2$,脱磷包 $k_1$ 和 $k_2$ 的温度最高,即 $T(k_1) = T(k_2)$,$T(k_1) \geqslant \forall T(k_i)$,设 $L(k_1) > L(k_2)$,提出的规则 Rule3.3 − 1 表示如下,

$$\text{IF } N_z = 0 \text{ and } N_f = 2 \text{ and } T(k_1) = T(k_2) \text{ and } T(k_1) \geqslant \forall T(k_i)$$

$$\text{and } L(k_1) > L(k_2) \text{ THEN } k_1 \text{ for } L_n \tag{5.60}$$

其中,$L(k_i)$ 为钢包寿命,$i = 2, 3$。

当温度最高的钢包可能有 3 个,即 $T(k_1) = T(k_2) = T(k_3)$,可用脱磷包集合 $\Omega$ 有两种可能:①可用脱磷包可能有 4 个,即 $N_f = 4$,$T(k_1) = T(k_2) = T(k_3) > T(k_4)$;②可用脱磷包可能有 3 个,即 $N_f = 3$ and $T(k_1) = T(k_2) = T(k_3)$,脱磷包 $k_1, k_2, k_3$ 中只有一个使用次数最高,设 $k_1$ 使用次数最高,即 $L(k_1) > L(k_i)$,$i = 2, 3$,提出的规则 Rule3.3 –2 表示如下,

$$\text{IF } N_z = 0 \text{ and} ((N_f = 4 \text{ and } T(k_1) = T(k_2) = T(k_3) \text{ and } T(k_1) > T(k_4))$$

$$\text{and } L(k_1) \geqslant \forall L \text{ THEN } k_1 \text{ for } L_n \tag{5.61}$$

当温度最高的钢包可能有 4 个时,即 $N_f = 4$ and $T(k_1) = T(k_2) = T(k_3) = T(k_4)$,设 $k_1$ 使用次数最高,即 $L(k_1) > L(k_i)$,$i = 2, 3, 4$ 为炉次选配使用次数最多的脱磷包 $k_1$,提出的规则 Rule3.3 –3 表示如下,

$$\text{IF } N_z = 0 \text{ and } N_f = 4 \text{ and } T(k_1) = T(k_2) = T(k_3) = T(k_4)$$

$$\text{and } L(k_1) > L \text{ THEN } k_1 \text{ for } L_n \tag{5.62}$$

(4)无可用脱磷包($R4$)。

Rule 4:无可用脱磷包。

无可用脱磷包,即 $N_z = 0$,$N_f = 0$,需要通过人机交互进行处理。提出的规则 Rule 4 表示如下,

$$\text{IF } N_z = 0 \text{ and } N_f = 0 \text{ THEN Man-machine interaction} \tag{5.63}$$

(5)钢包优选排序约束(R5)。

综上所述,最终符合炉次 $L_{i,j}$ 温度 $T_{\min} \leqslant T(k) \leqslant T_{\max}$ 约束,寿命约束 $0 \leqslant L(k) < 150$ 和钢包可用时间约束 $y_{i,j,1}(k_1) > t_k$ 的可选配钢包数量可能并不唯一,这时按照优先级顺序依次为炉次 $L_{i,j}$ 选取最优的一个钢包。

①优先级 1:在线包优先规则。

脱磷钢包分为在线包和非在线包两种,在线包温度高,可用直接使用,而非在线包需要进行升温维护后才能使用,所以,期望优先选配 $0 < Z(k) \leqslant 10$ 的在线脱磷包(使用结束 10 min 以内的钢包),无可用在线包时才选配的非在线脱磷包,即按照下线时间优先选配 $0 < Z(k) \leqslant 10$ 的在线包 $k$,如无在线包选配,选配 $Z(k') = 0$

非在线包 $k'$，

$$\text{IF } k^{\#} = \text{argmax} Z(k_i) \text{ THEN } k = k^{\#} \text{ for } L_{i,j} \tag{5.64}$$

其中，$k_i \in \{81,82,83,84\}$，$i = 1,2,3,4$。

②优先级 2:温度最高规则。

由于炉次对钢包温度的要求较高,如果温度未达标,就要增加冶炼时间,或对钢包进行加热,不但降低了生产效率,而且也会影响产品质量。当存在多个钢包为相同在线包时,优先选配温度高的钢包,将其匹配给炉次 $L_{i,j}$。

$$\text{IF } k^{\#} = \text{argmax } T(k_i) \text{ THEN } k = k^{\#} \text{ for } L_{i,j} \tag{5.65}$$

其中，$k_i \in \{81,82,83,84\}$，$i = 1,2,3,4$。

③优先级 3:使用次数最高规则。

由于钢包维护周期长达数天,如果平均使用钢包会导致同一时间段大量钢包不能使用,所以要优先选配使用次数高的钢包。当存在多个钢包为相同在线包,且钢包温度相同时,先选配使用次数高的钢包匹配给炉次 $L_{i,j}$,保证有足够多的钢包可用。

$$\text{IF } k^{\#} = \text{argmax } L(k_i) \text{ THEN } k = k^{\#} \text{ for } L_{i,j} \tag{5.66}$$

其中，$k_i \in \{81,82,83,84\}$，$i = 1,2,3,4$。

④优先级 4:序号最低规则。

当存在多个钢包为相同在线包,且钢包温度、寿命相同时,默认优先选配钢包序号低的钢包,将其匹配给炉次 $L_{i,j}$。

$$\text{IF } k^{\#} = \text{argmin } k_i \text{ THEN } k = k^{\#} \text{ for } L_{i,j} \tag{5.67}$$

其中，$k_i \in \{81,82,83,84\}$，$i = 1,2,3,4$。

综上所述,可以使用优先级权系数法进行钢包排序,选取权系数最高的钢包。具体描述如下。

对于每一个钢包 $k_i$ 可以表示为四元组 $\langle Z(k_i), T(k_i), L(k_i), k_i \rangle$,其中 $Z(k_i)$ 为钢包在线包剩余时间;$T(k_i)$ 为钢包温度;$L(k_i)$ 为钢包寿命;$k_i$ 为钢包序号。四元组 $\langle Z(k_i), T(k_i), L(k_i), k_i \rangle$ 中各项权系数依次为在线包优先级权系数 $\alpha$,钢包温度优先级权系数 $\beta$,钢包使用次数优先级权系数 $\gamma$,钢包序号优先级权系数为 $\delta$。

定义 $\langle Z(k_i) \rangle$ 为 $Z(k_i)$ 的权重值。当 $0 < Z(k_i) \leqslant 10$ 时,$\langle Z(k_i) \rangle = 2$;当 $Z(k_i) = 0$ 时,$\langle Z(k_i) \rangle = 1$。

定义 $\langle T(k_i)\rangle$、$\langle L(k_i)\rangle$ 为 $T(k_i)$、$L(k_i)$ 的权重值,其值按对应的 $T(k_i)$、$L(k_i)$ 从小到大的顺序分别取为 $1,2,\cdots$;如果 $T(k_i)$、$L(k_i)$ 的值相同,则取值也相同。

定义 $\langle k_i\rangle$ 为 $k_i$ 的权重值,其值按对应的 $k_i$ 从大到小的顺序分别取为 $1,2,3,4$。

例如,如果 $Z(k_1)=9,Z(k_2)=0,Z(k_3)=6,Z(k_4)=7$,则其取值对应为 $\langle Z(k_1)\rangle=2,\langle Z(k_2)\rangle=1,\langle Z(k_3)\rangle=2,\langle Z(k_4)\rangle=2$。

如果 $T(k_1)=1\,436,T(k_2)=1\,436,T(k_3)=1\,398,T(k_4)=1\,410$,则其取值对应为 $\langle T(k_1)\rangle=3,\langle T(k_2)\rangle=3,\langle T(k_3)\rangle=1,\langle T(k_4)\rangle=2$;如果 $L(k_1)=14,L(k_2)=116,L(k_3)=108,L(k_4)=10$,则其取值对应为 $\langle L(k_1)\rangle=2,\langle L(k_2)\rangle=4,\langle L(k_3)\rangle=3,\langle L(k_4)\rangle=1$。

如果 $k_1=81,k_2=83,k_3=84,k_4=82$,则其取值对应为 $\langle k_1\rangle=4,\langle k_2\rangle=2,\langle k_3\rangle=1,\langle k_4\rangle=3$。

Rule 5:钢包优选规则。

定义总重权系数 $W_i$ 如下,

$$W_i=\alpha\cdot\langle Z(k_i)\rangle+\beta\cdot\langle T(k_i)\rangle+\gamma\cdot\langle L(k_i)\rangle+\delta\cdot\langle k_i\rangle \qquad (5.68)$$

其中,$\alpha=1\,000,\beta=100,\gamma=10,\delta=1$。

按照总重权系数 $W_i$ 大小,对脱碳包集合 $\Omega$ 进行排序,其结果 $\Omega=\{k_1,k_2,k_3,k_4\},k_i\in\{81,82,83,84\},i=1,2,3,4$。例如,81#钢包 $\langle Z(k_1),T(k_1),L(k_1),k_1\rangle=\langle 9,1\,398,150,81\rangle$,依次 $\langle Z(k_2),T(k_2),L(k_2),k_2\rangle=\langle 8,1\,428,45,82\rangle$,$\langle Z(k_3),T(k_3),L(k_3),k_3\rangle=\langle 8,1\,443,72,83\rangle$,$\langle Z(k_4),T(k_4),L(k_4),k_4\rangle=\langle 0,1\,498,89,84\rangle$。计算总重权系数 $W_i$ 分别为 $W_1=2\,144;W_2=2\,213;W_3=2\,322;W_4=1\,431$,所以,脱碳包排序结果 $\Omega=\{83,82,81,84\}$。由此可知,对排完序的脱磷包集合 $\Omega=\{k_1,k_2,k_3,k_4\}$ 有

$$W_1<W_2,W_2<W_3,W_3<W_4 \qquad (5.69)$$

炉次 $L_{i,j}$ 选配脱磷包是在脱碳包排序结果 $\Omega$ 中,去除不符合约束的钢包,再为对应的炉次 $L_{i,j}$ 匹配集合 $\Omega$ 中的第一个钢包。例如,已知脱碳包排序结果 $\Omega=\{83,82,81,84\}$,去除不符合寿命约束的81#钢包,$\Omega=\{83,82,84\}$,则为炉次 $L_{i,j}$ 匹配83#钢包,即 $Lc_{i,j,83}=1$。

### 5.3.1.3 基于最小一般泛化方法的脱碳钢包优化选配规则提取

为了更好地提取脱碳钢包选配规则,首先定义钢包选配顺序如下。

(1)按照转炉完工时间从早到晚进行选配(Seq1)。

提取所以需要选配脱碳包的炉次,并按照脱碳转炉的完工时间先后对炉次集合 $\Phi = \{L_1, L_2, \cdots, L_N\}$ 排序,即

$$
\begin{aligned}
y_{L_1,\theta}(k_1) &\leqslant y_{L_2,\theta}(k_1) \\
y_{L_2,\theta}(k_1) &\leqslant y_{L_3,\theta}(k_1) \\
&\vdots \\
y_{L_{N-1},\theta}(k_1) &\leqslant y_{L_N,\theta}(k_1)
\end{aligned}
\tag{5.70}
$$

其中,$N$ 为所有需要选配脱碳钢包炉次的总数;$y_{L_1,\theta}(k_1)$,$y_{L_2,\theta}(k_1)$,$\cdots$,$y_{L_N,\theta}(k_1)$ 为炉次 $L_1$,$L_2$,$\cdots$,$L_N$ 的脱碳转炉结束时间。

(2)按照转炉完工时间从晚到早进行选配(Seq2)。

提取所以需要选配脱碳包的炉次,并按照脱碳转炉的完工时间先后对炉次集合 $\Phi = \{L_1, L_2, \cdots, L_N\}$ 排序。

拟采用的最小一般泛化法(LGG)可以直接将一个或多个正例所对应的具体事实作为初始规则,再对规则逐步进行泛化以增加其对样例的覆盖率,其基本思路如下。

对于给定一阶公式 $r_1$ 和 $r_2$,LGG 先找出相同谓词的文字,然后对文字中每个位置的常量逐一进行考查,若常量在两个文字中相同则保持不变,记为 $\mathrm{LGG}(s,t)=V$,并且在以后所有出现 $\mathrm{LGG}(s,t)$ 的位置用 $V$ 来代替。然后,LGG 忽略 $r_1$ 和 $r_2$ 不含有共同谓词的文字,若最小一般泛化法包含某条公式所没有的谓词,则最小一般泛化法无法特化为哪条公式。在脱碳钢包选配规则提取中设该方法为学习器 A。

拟采用的相对最小一般泛化方法(RLGG)将样例 $e$ 的初始规则定义为 $e \leftarrow K$,其中 $K$ 是背景知识中所有原子的和取。例如,对应脱碳钢包配表 5.4 数据来说,设初始规则为"可用(1)←(钢种 = AK202204)∧(精炼路径 = LR)∧⋯∧(引流料材质(西) = 镁橄榄石)∧(空包重 = 136)""可用(6)←(钢种 = XK437311)∧(精炼路径 = LR)∧⋯∧(引流料材质(西) = 镁橄榄石)"。则用变量替换可得可用(X)←(钢种 = Y)∧(精炼路径 = LR)∧⋯∧(引流料材质(西) = 镁橄榄石);可用(X)←(钢种 = Y)∧(精炼路径 = LR)∧⋯∧(引流料材质(西) = 镁橄榄石)。在脱碳钢包选配规则提取中设该方法为学习器 B。

脱碳钢包规则提取学习器的评估与选择首先要选择实验评估方法;然后要有评价学习器衡量泛化能力的标准,即性能度量;最后,为了比较学习器 A 和 B 性能优劣还要进行比较检验,步骤如图 5.2 所示。

**图 5.2　评估与选择的步骤**

(1)评估方法。

在脱碳钢包选配规则提取中,为了避免脱碳钢包选配规则提取通过训练数据学习到的钢包选配规则出现"过拟合"和"欠拟合"现象,采用留出法进行评估。脱碳钢包选配规则提取采用随机划分、重复进行试验评估后取平均值作为留出法的评估结果。本书选取 2/3 的数据样本用于规则提取训练,1/3 数据样本用来评估测试误差。

(2)性能度量。

在脱碳钢包选配规则提取中,定义错误率为分类错误的样本数占样本总数的比例,精度是分类正确的样本数占样本总数的比例。对脱碳钢包选配规则提取样例集 $D$,其分类错误率定义为

$$E(f;D) = \frac{1}{m} \sum_{i=1}^{m} \mathbb{I}\left(f(x_i) \neq y_i\right) \tag{5.71}$$

精度定义为

$$\mathrm{acc}(f;D) = \frac{1}{m} \sum_{i=1}^{m} \mathbb{I}\left(f(x_i) = y_i\right) = 1 - E(f;D) \tag{5.72}$$

对应钢包选配这类二分类问题,将钢包选配测试样例按照真实类别和学习器预测类别划分为真正例、假正例、真反例和假反例四种情况,令 $TP$、$FP$、$TN$、$FN$ 分别表示其对应的样例数,则有 $TP + FP + TN + FN =$ 样例总数,则脱碳钢包选配规则提取的分类结果的"混淆矩阵"见表 5.6。

表 5.6　分类结果"混淆矩阵"

| 真实情况 | 预测结果 | |
|---|---|---|
| | 正例 | 反例 |
| 正例 | $TP$ | $FN$ |
| 反例 | $FP$ | $TN$ |

则定义查准率 $P$ 和查全率 $R$ 为

$$P = \frac{TP}{TP + FP} \tag{5.73}$$

$$R = \frac{TP}{TP + FN} \tag{5.74}$$

按照学习器的对钢包选配的预测结果对样例进行排序,并规定排在前面的是学习器认为"最可能"是正例的规则,排在后面的是学习器认为"最不可能"是正例的规则。按此规则逐个把规则样本作为正例进行预测,并计算当前样例的查准率、查全率,定义"平衡点"为查准率等于查全率时的取值。基于 BEP 可以比较学习器 A 和 B 的优劣。在此基础上基于定义 $F_\beta$ 对 LGG 和 RLGG 进行度量,

$$F_\beta = \frac{(1 + \beta^2) \times P \times R}{(\beta^2 \times P) + R} \tag{5.75}$$

其中,$\beta = 1$ 时,查准率和查全率同样重要;$\beta > 1$ 时,查全率有更大的影响;$\beta < 1$ 时,查准率有更大的影响。对于脱碳钢包选配来说,为了保证生产安全,查准率是最为重要的,要求达到最高。LGG 和 RLGG 都能满足错误率、精度和查准率的要求。

（3）比较检验。

针对钢包选配这类二分类问题,使用留出法不但可以估计出学习器 A 和学习器 B 的测试误差率,还可获得 LGG 和 RLGG 结果的差别,即两者都正确、都错误、一个正确另一个错误的样本数,表 5.7 为学习器分类差别的联表。

表 5.7　学习器分类差别列联表

| 算法 B | 算法 A | |
|---|---|---|
| | 正确 | 错误 |
| 正确 | $e_{00}$ | $e_{01}$ |
| 错误 | $e_{10}$ | $e_{11}$ |

假设 LGG 和 RLGG 性能相同,则 $e_{01} = e_{10}$,那么有 $|e_{01} - e_{10}|$ 服从正态分布,且均值为 1,方差为 $e_{01} + e_{10}$,则有

$$\tau_{\chi^2} = \frac{(|e_{01} - e_{10}| - 1)^2}{e_{01} + e_{10}} \qquad (5.76)$$

服从自由度为 1 的 $\chi^2$ 分布。则给定显著度 $\alpha = 0.05$,当以上变量值小于临界值 $\chi_\alpha^2 = 3.8415$ 时,不能拒绝假设,即 LGG 和 RLGG 性能没有差别;否则拒绝假设,即认为 LGG 和 RLGG 性能有显著差别,且平均错误率较小的学习器性能较优。脱碳钢包选配规则提取采用不同数据进行学习后,测试数据见表 5.8。

表 5.8 学习器 $\tau_{\chi^2}$ 值表

| $\tau_{\chi^2}$ | 测试数据量 | | | | | |
|---|---|---|---|---|---|---|
| | 120 | 240 | 360 | 600 | 1 200 | 2 400 |
| A | 3.531 0 | 4.439 5 | 4.832 3 | 4.103 5 | 5.353 6 | 5.360 4 |
| B | 3.213 2 | 3.853 1 | 4.196 5 | 3.854 2 | 5.130 3 | 5.174 3 |

由表 5.8 可知,随着脱碳钢包选配规则提取测试数据量的不断增加,学习器学习结果逐渐由欠拟合转为过拟合,且学习器 B 性能较优,即 RLGG 更适合脱碳钢包选配,采用该方法获取选配规则。

综上所述,使用现场数据进行规则提取,得到的脱碳钢包选配规则如下。

Rule 1:钢种是钢帘线。

钢种是钢帘线(钢以 KK 或 XK 开头),选择包龄小于 50,上水口使用次数大于等于 2 且小于 10 的钢包。

$$\text{IF } Sk_{1,2} = KK \text{ or } Sk_{1,2} = XK \text{ THEN } L(k) < 50 \text{ and } 2 \leqslant U_e^k/U_w^k < 10 \qquad (5.77)$$

Rule 2:炉次含有 LF 精炼。

需要选择上水口使用次数不大于 15,包龄小于 100 的钢包。

$$\text{IF LF in } F \text{ THEN } U_e^k \leqslant 15 \text{ and } U_w^k \leqslant 15 \text{ and } L(k) < 100 \qquad (5.78)$$

Rule 3:炉次是连铸第一炉。

连铸第一炉不能使用新包。

$$\text{IF } j = 1 \text{ THEN } L_{i,1}(k) \neq 0 \qquad (5.79)$$

Rule 4:钢包材质规定。

材质分为三种($M(k) = 5,6,7$);大包规制第一位 $R_1$ 为最低材质要求。

$$\text{IF } R_1 = 0 \text{ or } 5 \text{ THEN } M(k) = 5,6,7 \tag{5.80}$$

$$\text{IF } R_1 = 6 \text{ THEN } M(k) = 6,7 \tag{5.81}$$

$$\text{IF } R_1 = 7 \text{ THEN } M(k) = 7 \tag{5.82}$$

Rule 5:钢种对新包或冷包的限制。

大包规制第二位 $R_2$ 表示新包和冷包要求。$R_2 = 0$ 无规定;$B = 1$ 禁用新包。

$$\text{IF } R_2 = 1 \text{ THEN } L(k) \neq 0 \tag{5.83}$$

$R_2 \geq 2$ 禁用新包和冷包,选取钢包状态与大包规制编码第二位相同的钢包。

$$\text{IF } R_2 \geq 2 \text{ THEN } L(k) \neq 0 \text{ and } R_2 = S_2^k \tag{5.84}$$

Rule 6:钢包上一炉的限制。

大包规制第三位 $C = 0$ 表示对上一炉无要求;否则,选取钢包状态与大包规制编码第三位相同的钢包。

$$\text{IF } R_3 \neq 0 \text{ THEN } R_3 = S_3^k \tag{5.85}$$

Rule 1 ~ 6 在可用钢包集合 $\Omega$ 中去除不符合的钢包,最终钢包数可能不唯一,使用基于规则优先级的钢包选配规则(RP)选配钢包。

Rule 7:选配优先级。

优先级 1:钢包材质规则。

优先选择低材质的钢包。

$$k = \text{argmin } M(k) \tag{5.86}$$

优先级 2:钢包水口规则。

优先选择水口数量少的钢包。

$$k = \text{argmin } D(k_l) \tag{5.87}$$

优先级 3:温度最高规则。

优先选配温度高的钢包。

$$k = \text{argmax } T(k_l) \tag{5.88}$$

优先级 4:使用次数最高规则

优先选配使用次数高的钢包。

$$k = \text{argmax } L(k_l) \tag{5.89}$$

优先级 5:随机选择规则。

随机选配钢包。

$$k = \arg \text{random}\{k_l\} \tag{5.90}$$

对于五元组 $\langle M(k), D(k), T(k), L(k), k \rangle$，各项权系数依次为 $\alpha$、$\beta$、$\gamma$ 和 $\delta$，选配重权系数 $W_i$，

$$W_i = \alpha \cdot \langle M(k) \rangle + \beta \cdot \langle D(k) \rangle + \chi \cdot \langle T(k) \rangle + \gamma \cdot \langle L(k) \rangle + \delta \cdot \langle k \rangle \tag{5.91}$$

### 5.3.1.4 脱磷钢包选配算法

针对钢包调度问题是一个具有多冲突目标的动态系统的优化难题，难以采用运筹学优化方法。钢包选配问题目标（如温度、寿命、是否在线包等）的性能指标取值都是要在工艺许可的取值区间内，对于这样类多目标问题来说，无法通过加权方式转换为单目标问题进行求解。钢包选配问题建模后无法准确描述如钢包位置、运输能力等钢包属性因素。同时，由于炼钢—连铸整个生产过程中加工件是高温钢水，钢水温度的变化会影响产品的品质。钢水温度和钢水成分是钢水质量的关键参数，作为承载钢水容器钢包的材质、使用情况和温度也会对钢水温度和钢水成分造成影响，但是钢包对这两个因素的影响程度分析不够，钢包对其影响的机理也不清楚，无法精确建模进行描述。钢包在使用中，随着使用次数的增加，耐火材料不断的损耗，同时钢包水口的牢固程度也在不断减弱，从而导致漏钢（钢水从钢包中泄露）的风险不断增加。这些因素在现有条件下无法用数学模型进行精确描述，导致钢包选配问题建模困难，很难采用现有的优化方法进行求解。为了有效地选配脱磷包，需要总结有效的钢包选配规则。在此基础上，采用基于规则推理的脱磷包启发式选配方法为炉次选配脱磷包。

综上所述，炉次的脱磷包选配主要包括以下几个步骤：①通过炉次调度计划获取当前生产的所有需选配脱磷包的炉次，并按照脱磷转炉完工时间先后次序进行排序；②提取脱磷包状态信息，去除不符合温度、寿命、可用时间约束的钢包；③判断属于何种工况，按照相应的启发式规则为炉次匹配脱磷包。

脱磷炉次选配钢包启发式方法伪代码如 Algorithm 5.1，具体处理步骤如下。

步骤 1：通过炉次调度计划获取所有需要选配脱磷包的炉次按照脱磷转炉完工时间 $y_{i,j,1}(k_1)$ 从小到大排序，得脱磷次集合 $\Phi = \{L_1, L_2, \cdots, L_N\}$，$N$ 为需要匹配脱磷包的炉次总数。

步骤 2:初始化所有脱磷包状态,包括钢包温度 $T(k)$,钢包使用次数 $L(k)$ 和钢包可用时间 $t_k$,初始化 $n=1$。

步骤 3:根据当前选配脱磷包炉次 $L_i$ 情况和脱磷包状态计算钢包在线包剩余时间 $Z(k_i)$,确定当前选配工况,根据对应的规则为炉次 $L_i$ 选配脱磷包。

①可用脱磷包中只有 1 个在线包,按照工况(5.54)选配脱磷包。

②可用脱磷包中有 2 个在线包,按照工况(5.55) ~ (5.57)选配脱磷包。

③可用脱磷包中无在线包,有可用非在线包,按照工况(5.58) ~ (5.62)选配脱磷包。

④可用脱磷包中无在线包,无可用非在线包,按照工况(5.63)选配脱磷包。

⑤如果存在多个可用钢包,按照计算的权系数选配脱磷包。

步骤 4:根据炉次 $L_i$ 选配脱磷包情况更新钢包使用次数 $L(k)$ 和钢包可用时间 $t_k$(钢包使用次数 $L(k)$ 加 1,脱磷包可用时间 $t_k$ 更新为炉次 $L_i$ 的脱碳转炉开始时间);如果 $n=N$ 转到步骤 5,否则,$n=n+1$,转到步骤 3。

步骤 5:结束。

Algorithm 5.1

For $\varPhi = \{ L_1, L_2, \cdots, L_N \}$ do

Initialize $T(k)$, $L(k)$ and $t_k$

If $L_i \in$ condition R1 then choose R1

else if condition $L_i \in$ R2 then choose R2

else if condition $L_i \in$ R3 then choose R3

else if condition $L_i \in$ R4 then choose R4

else if $N_z > 1$ or $N_f > 1$ then choose R5

End if

$L(k) = L(k) + 1$

$t_k = x_{L_i1}(k_1)$

End for

炼钢—连铸脱磷包选配处理流程如图 5.3 所示。

算法实现描述如下。首先介绍工业现场的设备条件。

（1）转炉（顶底复吹）。

公称能力 = 300 t；最大出钢量为 306 t；数量为 3 座；冶炼周期为 35 ~ 37 min；高度为 11 500 mm；直径为 8 500 mm。

（2）炉外精炼。

现场一共有 7 台精炼设备。

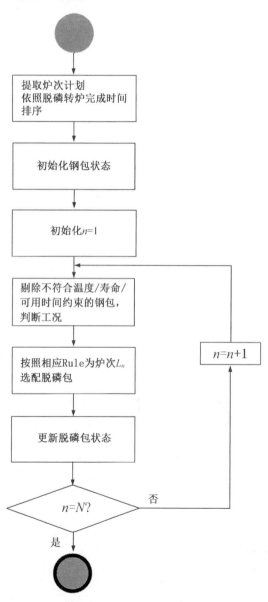

**图 5.3　炼钢—连铸脱磷包选配处理流程**

（3）连铸设备。

①1930 板坯连铸机（2 流）。

数量为 2 台；连铸机长度为 39.39 m；最大操作拉速为 250 mm 坯厚1.6 m/min；中间包容量为 58.8 t；最大钢水质量为 65.6 t，更换钢包时最小质量为 24 t。

②宽厚板坯连铸机（2 流）。

数量为 1 台；连铸机长度为 39.39 m；最大操作拉速为 250 mm 坯厚1.6 m/min。

（4）钢包。

目前该钢厂钢包总数为 39 个，4 个脱磷包，正常生产周转的钢包数量为 11 ~ 13 个。自重为 114 t；最大钢水装入量为 306 t；钢包平均寿命 108 炉。

（5）钢包倾转台。

数量为 4 套。

（6）空包临时存放位。

共有 23 个空包临时存放位。在浇铸 1 跨有 2 个临时存放位；在浇铸 2 跨有 6 个空包临时存放位；浇铸 3 跨有 8 个空包临时存放位；修理跨有 5 个空包临时存放位；浇铸 6 跨（3CC 跨）有 2 个空包临时存放位。

（7）快烘设备。

数量为 3 个；在每个转炉台车线上有 1 个快烘设备，3 个转炉共有 3 个快烘设备。

（8）烘烤设备。

数量为 6 个；在浇铸 3 跨有 3 个烘烤位，它们是 1#、2#和 5#烘烤位；在钢包修理跨有 3 个，它们是 3#、4#和 6#烘烤位，其中 6#烘烤位是脱磷铁水包烘烤位。该钢厂是国内设备最复杂的钢厂之一。

采用工业实例对脱磷钢包选配进行说明，初始数据描述如下。主设备调度计划中包含 3 个浇次，每个浇次中包括 4 个炉次，即 $J_1 = J_2 = J_3 = 4$。3 个浇次的炉次加工顺序集合分别为 $I1^* = \{L_{1,1}, L_{1,2}, L_{1,3}, L_{1,4}\}$；$I2^* = \{L_{2,1}, L_{2,2}, L_{2,3}, L_{2,4}\}$；$I3^* = \{L_{3,1}, L_{3,2}, L_{3,3}, L_{3,4}\}$。其中，炉次 $L_{1,1}$、$L_{2,1}$、$L_{3,1}$ 不包含脱磷工艺，炉次 $L_{2,1}$、$L_{2,2}$、$L_{3,2}$ 已匹配脱磷包。在这些炉次中，炉次 $L_{1,2}$、$L_{2,2}$、$L_{3,2}$ 已经选配脱磷包，其决策变量已经赋值，即 $Lc_{1,2,81} = 1$、$Lc_{2,2,82} = 1$、$Lc_{3,2,83} = 1$。通过启发式脱磷钢包选配方法为未选

配脱磷包的炉次 $L_{1,3}$、$L_{1,4}$、$L_{2,3}$、$L_{2,4}$、$L_{3,3}$、$L_{3,4}$ 进行选配,决策出对应的 $Lc_{i,j,k}$ 值。

步骤 1:初始化炉次集合 $\Phi$ 为空。通过炉次调度计划获取当前生产的所有炉次,并将其放入集合 $\Phi$ 中,即集合 $\Phi = \{L_{1,1}, L_{1,2}, L_{1,3}, L_{1,4}, L_{2,1}, L_{2,2}, L_{2,3}, L_{2,4}, L_{3,1}, L_{3,2}, L_{3,3}, L_{3,4}\}$,见表 5.9。

表 5.9　浇次计划表

| 炉次 | 脱磷转炉 | | | 脱碳转炉 | | | 连铸 | | |
|---|---|---|---|---|---|---|---|---|---|
| | 开始时间 $x_{i,j,\theta}(k_1)$ | 结束 $y_{i,j,\theta}(k_1)$ | 设备 $k_1$ | 开始时间 $x_{i,j,\theta}(k_1)$ | 结束 $y_{i,j,\theta}(k_1)$ | 设备 $k_1$ | 开始时间 $x_{i,j,\theta}(k_6)$ | 结束 $y_{i,j,\theta}(k_6)$ | 设备 $k_6$ |
| $L_{1,1}$ | | | | 02:02 | 02:33 | 2LD | 04:01 | 04:48 | 1CC |
| $L_{1,2}$ | 02:37 | 03:08 | 2LD | 03:26 | 03:57 | 1LD | 04:41 | 05:29 | 1CC |
| $L_{1,3}$ | 02:52 | 03:23 | 3LD | 04:07 | 04:38 | 1LD | 05:22 | 06:13 | 1CC |
| $L_{1,4}$ | 04:02 | 04:33 | 3LD | 04:52 | 05:23 | 2LD | 06:06 | 07:00 | 1CC |
| $L_{2,1}$ | | | | 01:42 | 02:13 | 3LD | 05:20 | 06:03 | 2CC |
| $L_{2,2}$ | 01:27 | 01:58 | 2LD | 02:17 | 02:48 | 3LD | 05:56 | 06:54 | 2CC |
| $L_{2,3}$ | 04:42 | 05:13 | 1LD | 05:32 | 06:03 | 3LD | 06:47 | 07:52 | 2CC |
| $L_{2,4}$ | 05:40 | 06:11 | 1LD | 06:30 | 07:01 | 3LD | 07:45 | 08:50 | 2CC |
| $L_{3,1}$ | | | | 02:07 | 02:38 | 1LD | 03:42 | 04:53 | 3CC |
| $L_{3,2}$ | 02:42 | 03:13 | 1LD | 03:31 | 04:02 | 2LD | 04:46 | 05:51 | 3CC |
| $L_{3,3}$ | 03:27 | 03:58 | 3LD | 04:17 | 04:48 | 2LD | 05:44 | 06:49 | 3CC |
| $L_{3,4}$ | 04:37 | 05:08 | 3LD | 05:27 | 05:58 | 2LD | 06:42 | 07:47 | 3CC |

根据 $0-1$ 变量 $Gp_{i,j}$ 的值,判断集合 $\Phi$ 中炉次是否含有脱磷工艺,去除 $Gp_{i,j}=0$ 的炉次 $L_{i,j}$,获取只包含脱磷工艺的炉次集合 $\Phi = \{L_{1,2}, L_{1,3}, L_{1,4}, L_{2,2}, L_{2,3}, L_{2,4}, L_{3,2}, L_{3,3}, L_{3,4}\}$,见表 5.10。

表 5.10　浇次计划表

| 炉次 | 脱磷转炉 | | | 脱碳转炉 | | | 连铸 | | |
|---|---|---|---|---|---|---|---|---|---|
| | 开始时间 $x_{i,j,1}(k_1)$ | 结束 $y_{i,j,1}(k_1)$ | 设备 $k_1$ | 开始时间 $x_{i,j,2}(k_1)$ | 结束 $y_{i,j,2}(k_1)$ | 设备 $k_1$ | 开始时间 $x_{i,j,4}(k_6)$ | 结束 $y_{i,j,4}(k_6)$ | 设备 $k_6$ |
| $L_{1,2}$ | 02:37 | 03:08 | 2LD | 03:26 | 03:57 | 1LD | 04:41 | 05:29 | 1CC |
| $L_{1,3}$ | 02:52 | 03:23 | 3LD | 04:07 | 04:38 | 1LD | 05:22 | 06:13 | 1CC |
| $L_{1,4}$ | 04:02 | 04:33 | 3LD | 04:52 | 05:23 | 2LD | 06:06 | 07:00 | 1CC |
| $L_{2,2}$ | 01:27 | 01:58 | 2LD | 02:17 | 02:48 | 3LD | 05:56 | 06:54 | 2CC |
| $L_{2,3}$ | 04:42 | 05:13 | 1LD | 05:32 | 06:03 | 3LD | 06:47 | 07:52 | 2CC |
| $L_{2,4}$ | 05:40 | 06:11 | 1LD | 06:30 | 07:01 | 3LD | 07:45 | 08:50 | 2CC |

续表 5.10

| 炉次 | 脱磷转炉 | | | 脱碳转炉 | | | 连铸 | | |
|---|---|---|---|---|---|---|---|---|---|
| | 开始时间 $x_{i,j,1}(k_1)$ | 结束 $y_{i,j,1}(k_1)$ | 设备 $k_1$ | 开始时间 $x_{i,j,2}(k_1)$ | 结束 $y_{i,j,2}(k_1)$ | 设备 $k_1$ | 开始时间 $x_{i,j,4}(k_6)$ | 结束 $y_{i,j,4}(k_6)$ | 设备 $k_6$ |
| $L_{3,2}$ | 02:42 | 03:13 | 1LD | 03:31 | 04:02 | 2LD | 04:46 | 05:51 | 3CC |
| $L_{3,3}$ | 03:27 | 03:58 | 3LD | 04:17 | 04:48 | 2LD | 05:44 | 06:49 | 3CC |
| $L_{3,4}$ | 04:37 | 05:08 | 3LD | 05:27 | 05:58 | 2LD | 06:42 | 07:47 | 3CC |

由已知数据 $Lc_{1,2,81}=1$、$Lc_{2,2,82}=1$、$Lc_{3,2,83}=1$，可知炉次 $L_{1,2}$、$L_{2,2}$、$L_{3,2}$ 已匹配脱磷包;集合 $\Phi$ 中去掉已经选配脱磷包的炉次 $L_{1,2}$、$L_{2,2}$、$L_{3,2}$;$\Phi=\{L_{1,3},L_{1,4},L_{2,3},L_{2,4},L_{3,3},L_{3,4}\}$，见表 5.11。

表 5.11　浇次计划表

| 炉次 | 脱磷转炉 | | | 脱碳转炉 | | | 连铸 | | |
|---|---|---|---|---|---|---|---|---|---|
| | 开始时间 $x_{i,j,1}(k_1)$ | 结束 $y_{i,j,1}(k_1)$ | 设备 $k_1$ | 开始时间 $x_{i,j,2}(k_1)$ | 结束 $y_{i,j,2}(k_1)$ | 设备 $k_1$ | 开始时间 $x_{i,j,4}(k_6)$ | 结束 $y_{i,j,4}(k_6)$ | 设备 $k_6$ |
| $L_{1,3}$ | 02:52 | 03:23 | 3LD | 04:07 | 04:38 | 1LD | 05:22 | 06:13 | 1CC |
| $L_{1,4}$ | 04:02 | 04:33 | 3LD | 04:52 | 05:23 | 2LD | 06:06 | 07:00 | 1CC |
| $L_{2,3}$ | 04:42 | 05:13 | 1LD | 05:32 | 06:03 | 3LD | 06:47 | 07:52 | 2CC |
| $L_{2,4}$ | 05:40 | 06:11 | 1LD | 06:30 | 07:01 | 3LD | 07:45 | 08:50 | 2CC |
| $L_{3,3}$ | 03:27 | 03:58 | 3LD | 04:17 | 04:48 | 2LD | 05:44 | 06:49 | 3CC |
| $L_{3,4}$ | 04:37 | 05:08 | 3LD | 05:27 | 05:58 | 2LD | 06:42 | 07:47 | 3CC |

集合 $\Phi=\{L_{1,3},L_{1,4},L_{2,3},L_{2,4},L_{3,3},L_{3,4}\}$ 中的炉次按照脱磷转炉完工时间先后，采用快速排序法按照从早到晚的次序进行排序，见表 5.12。

表 5.12　浇次计划表

| 炉次 | 脱磷转炉 | | | 脱碳转炉 | | | 连铸 | | |
|---|---|---|---|---|---|---|---|---|---|
| | 开始时间 $x_{i,j,1}(k_1)$ | 结束 $y_{i,j,1}(k_1)$ | 设备 $k_1$ | 开始时间 $x_{i,j,2}(k_1)$ | 结束 $y_{i,j,2}(k_1)$ | 设备 $k_1$ | 开始时间 $x_{i,j,4}(k_6)$ | 结束 $y_{i,j,4}(k_6)$ | 设备 $k_6$ |
| $L_{1,3}$ | 02:52 | 03:23 | 3LD | 04:07 | 04:38 | 1LD | 05:22 | 06:13 | 1CC |
| $L_{3,3}$ | 03:27 | 03:58 | 3LD | 04:17 | 04:48 | 2LD | 05:44 | 06:49 | 3CC |
| $L_{1,4}$ | 04:02 | 04:33 | 3LD | 04:52 | 05:23 | 2LD | 06:06 | 07:00 | 1CC |
| $L_{3,4}$ | 04:37 | 05:08 | 3LD | 05:27 | 05:58 | 2LD | 06:42 | 07:47 | 3CC |
| $L_{2,3}$ | 04:42 | 05:13 | 1LD | 05:32 | 06:03 | 3LD | 06:47 | 07:52 | 2CC |
| $L_{2,4}$ | 05:40 | 06:11 | 1LD | 06:30 | 07:01 | 3LD | 07:45 | 08:50 | 2CC |

步骤 2：在集合 $\Phi=\{L_{1,3},L_{1,4},L_{2,3},L_{2,4},L_{3,3},L_{3,4}\}$ 中的炉次按照已经排好的顺序进行脱磷包选配。脱磷包属性见表 5.13，钢包信息界面如图 5.4 所示。由上述信息可知 $k=81$ 为在线包，$k=82,83,84$ 为非在线包。

**表 5.13 脱磷包属性**

| 包号 | 名称 | 温度 | 钢包位置 | 使用状态 | 使用次数 | 可用时间 | 上水口使用次数 | 下水口数量 |
|---|---|---|---|---|---|---|---|---|
| 681 | 81#脱磷包 | 1 456 | 411 | W | 77 | 03:20 | 19 | 1 |
| 682 | 82#脱磷包 | 1 398 | 412 | S | 136 | 05:05 | 5 | 1 |
| 683 | 83#脱磷包 | 1 342 | 521 | S | 4 | 03:50 | 7 | 1 |
| 684 | 84#脱磷包 | 1 487 | 531 | S | 0 | 04:00 | 21 | 1 |

步骤 3：首先取集合 $\Phi$ 中第一个炉次 $L_{1,3}$，符合约束可用脱磷包集合 $\Omega$ 中只有一个在线包，判断工况，依照 Rule 1 选配脱磷包，为炉次选配 81#脱磷包，赋值 $Lc_{L_{1,3},81}=1$。

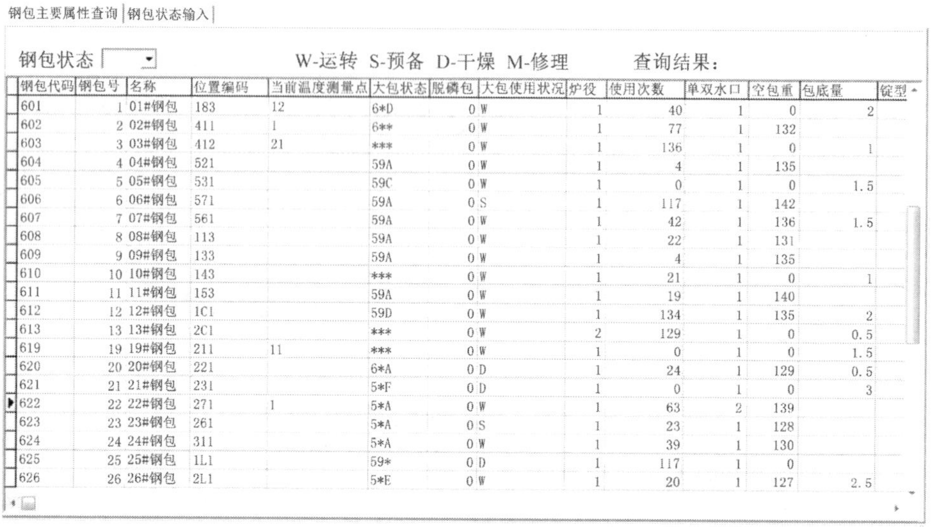


| 钢包代码 | 钢包号 | 名称 | 位置编码 | 当前温度测量点 | 大包状态 | 脱磷包 | 大包使用状况 | 炉役 | 使用次数 | 单双水口 | 空包重 | 包底量 | 锭型 |
|---|---|---|---|---|---|---|---|---|---|---|---|---|---|
| 601 | 1 | 01#钢包 | 183 | 12 | 6*D | 0 | W | 1 | 40 | 1 | 0 | 2 | |
| 602 | 2 | 02#钢包 | 411 | 1 | 6** | 0 | W | 1 | 77 | 1 | 132 | | |
| 603 | 3 | 03#钢包 | 412 | 21 | *** | 0 | W | 1 | 136 | 1 | 0 | 1 | |
| 604 | 4 | 04#钢包 | 521 | | 59A | 0 | W | 1 | 4 | 1 | 135 | | |
| 605 | 5 | 05#钢包 | 531 | | 59C | 0 | W | 1 | 0 | 1 | 0 | 1.5 | |
| 606 | 6 | 06#钢包 | 571 | | 59A | 0 | S | 1 | 117 | 1 | 142 | | |
| 607 | 7 | 07#钢包 | 561 | | 59A | 0 | W | 1 | 42 | 1 | 136 | 1.5 | |
| 608 | 8 | 08#钢包 | 113 | | 59A | 0 | W | 1 | 22 | 1 | 131 | | |
| 609 | 9 | 09#钢包 | 133 | | 59A | 0 | W | 1 | 4 | 1 | 135 | | |
| 610 | 10 | 10#钢包 | 143 | | *** | 0 | W | 1 | 21 | 1 | 0 | 1 | |
| 611 | 11 | 11#钢包 | 153 | | 59A | 0 | W | 1 | 19 | 1 | 140 | | |
| 612 | 12 | 12#钢包 | 1C1 | | 59D | 0 | W | 1 | 134 | 1 | 135 | 2 | |
| 613 | 13 | 13#钢包 | 2C1 | | *** | 0 | W | 2 | 129 | 1 | 0 | 0.5 | |
| 619 | 19 | 19#钢包 | 211 | 11 | *** | 0 | W | 1 | 0 | 1 | 0 | 1.5 | |
| 620 | 20 | 20#钢包 | 221 | | 6*A | 0 | D | 1 | 24 | 1 | 129 | 0.5 | |
| 621 | 21 | 21#钢包 | 231 | | 5*F | 0 | D | 1 | 0 | 1 | 0 | 3 | |
| 622 | 22 | 22#钢包 | 271 | 1 | 5*A | 0 | W | 1 | 63 | 2 | 139 | | |
| 623 | 23 | 23#钢包 | 261 | | 5*A | 0 | S | 1 | 23 | 1 | 128 | | |
| 624 | 24 | 24#钢包 | 311 | | 5*A | 0 | W | 1 | 39 | 1 | 130 | | |
| 625 | 25 | 25#钢包 | 1L1 | | 59* | 0 | D | 1 | 117 | 1 | 0 | | |
| 626 | 26 | 26#钢包 | 2L1 | | 5*E | 0 | W | 1 | 20 | 1 | 127 | 2.5 | |

**图 5.4 钢包设备状态**

步骤 4：更新钢包状态。同理，为集合 $\Phi$ 中其他炉次选配脱磷钢包，钢包选配编制结果见表 5.14，软件系统钢包选配编制结果界面显示如图 5.5 所示。

表 5.14　钢包计划

| 炉次 | 脱磷转炉 | | | 脱碳转炉 | | | 精炼工序 | | | 钢包 | |
|---|---|---|---|---|---|---|---|---|---|---|---|
| | 开始时间 | 结束时间 | 设备 | 开始时间 | 结束时间 | 设备 | 开始时间 | 结束时间 | 设备 | 脱磷包 | 脱碳包 |
| $L_{1,3}$ | 02:52 | 03:23 | 3LD | 04:07 | 04:38 | 1LD | 04:47 | 05:17 | 1CAS | $k=81$ | 06 |
| $L_{1,4}$ | 04:02 | 04:33 | 3LD | 04:52 | 05:23 | 2LD | 05:32 | 06:02 | 2CAS | $k=84$ | 22 |
| $L_{2,3}$ | 04:42 | 05:13 | 1LD | 05:32 | 06:03 | 3LD | 06:12 | 06:42 | 1CAS | $k=82$ | 12 |
| $L_{2,4}$ | 05:40 | 06:11 | 1LD | 06:30 | 07:01 | 3LD | 07:10 | 07:40 | 2CAS | $k=81$ | 25 |
| $L_{3,3}$ | 03:27 | 03:58 | 3LD | 04:17 | 04:48 | 2LD | 05:02 | 05:32 | 2CAS | $k=83$ | 09 |
| $L_{3,4}$ | 04:37 | 05:08 | 3LD | 05:27 | 05:58 | 2LD | 06:07 | 06:37 | 2CAS | $k=84$ | 04 |

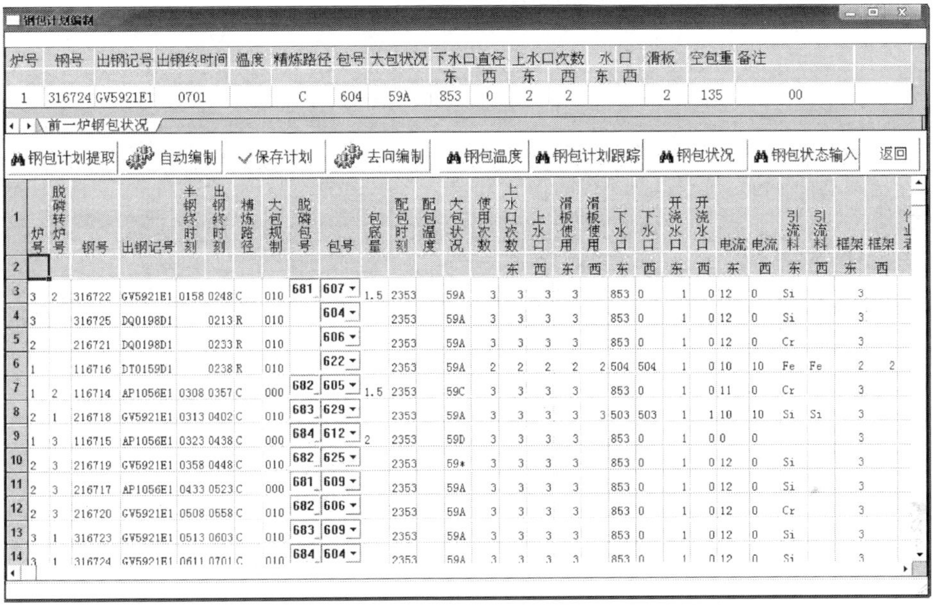

图 5.5　软件系统钢包选配编制结果

　　用基于规则推理启发式的钢包选配方法为炉次尽量选配合适的钢包,满足工艺对钢包的要求,实现了节能降耗。使用本小节方法能更方便地编制炼钢厂钢包选配计划,实际应用效果良好;同时对计划人员编制与调整计划具有很好的参考指导价值,能够使管理人员和工作人员及时了解生产的执行情况。

### 5.3.1.5　脱碳钢包选配算法

　　建立的基于规则优先级的钢包选配方法,优先级组合见表 5.15。

**表5.15　钢包选配规则优先级组合**

| 序号 | 优先级1 | 优先级2 | 优先级3 | 优先级4 | 优先级5 | 选配优先级 |
|---|---|---|---|---|---|---|
| 1 | 材质最低 | 水口最少 | 温度最高 | 使用次数最多 | 随机选择 | $A_{g1}$ |
| 2 | 材质最低 | 水口最少 | 使用次数最多 | 温度最高 | 随机选择 | $A_{g2}$ |
| 3 | 材质最低 | 温度最高 | 水口最少 | 使用次数最多 | 随机选择 | $A_{g3}$ |
| 4 | 材质最低 | 温度最高 | 使用次数最多 | 水口最少 | 随机选择 | $A_{g4}$ |
| 5 | 材质最低 | 使用次数最多 | 水口最少 | 温度最高 | 随机选择 | $A_{g5}$ |
| 6 | 材质最低 | 使用次数最多 | 温度最高 | 水口最少 | 随机选择 | $A_{g6}$ |
| 7 | 水口最少 | 材质最低 | 温度最高 | 使用次数最多 | 随机选择 | $A_{g7}$ |
| 8 | 水口最少 | 材质最低 | 使用次数最多 | 温度最高 | 随机选择 | $A_{g8}$ |
| 9 | 水口最少 | 温度最高 | 材质最低 | 使用次数最多 | 随机选择 | $A_{g9}$ |
| 10 | 水口最少 | 温度最高 | 使用次数最多 | 材质最低 | 随机选择 | $A_{g10}$ |
| 11 | 水口最少 | 使用次数最多 | 材质最低 | 温度最高 | 随机选择 | $A_{g11}$ |
| 12 | 水口最少 | 使用次数最多 | 温度最高 | 材质最低 | 随机选择 | $A_{g12}$ |
| 13 | 温度最高 | 材质最低 | 水口最少 | 使用次数最多 | 随机选择 | $A_{g13}$ |
| 14 | 温度最高 | 材质最低 | 使用次数最多 | 水口最少 | 随机选择 | $A_{g14}$ |
| 15 | 温度最高 | 水口最少 | 材质最低 | 使用次数最多 | 随机选择 | $A_{g15}$ |
| 16 | 温度最高 | 水口最少 | 使用次数最多 | 材质最低 | 随机选择 | $A_{g16}$ |
| 17 | 温度最高 | 使用次数最多 | 材质最低 | 水口最少 | 随机选择 | $A_{g17}$ |
| 18 | 温度最高 | 使用次数最多 | 水口最少 | 材质最低 | 随机选择 | $A_{g18}$ |
| 19 | 使用次数最多 | 材质最低 | 水口最少 | 温度最高 | 随机选择 | $A_{g19}$ |
| 20 | 使用次数最多 | 材质最低 | 温度最高 | 水口最少 | 随机选择 | $A_{g20}$ |
| 21 | 使用次数最多 | 水口最少 | 材质最低 | 温度最高 | 随机选择 | $A_{g21}$ |
| 22 | 使用次数最多 | 水口最少 | 温度最高 | 材质最低 | 随机选择 | $A_{g22}$ |
| 23 | 使用次数最多 | 温度最高 | 材质最低 | 水口最少 | 随机选择 | $A_{g23}$ |
| 24 | 使用次数最多 | 温度最高 | 水口最少 | 材质最低 | 随机选择 | $A_{g24}$ |

脱碳炉次选配钢包伪代码如 Algorithm 5.2 所示。

Algorithm 5.2

步骤1:建立所有钢包组成的钢包集合 $\Omega$,初始化钢包状态 $S$(钢包参数),建立需要匹配钢包的炉次集合 $\Phi$。通过炉次调度计划获取所有需要选配钢包的炉次按照转炉完工时间排序,得炉次集合 $\Phi = \{L_1, L_2, \cdots, L_N\}$,初始化 $n=1$。

步骤2:更新所有钢包状态 $S$。

步骤3:对炉次 $L_n, n=1,2,\cdots,N$ 根据式优化目标取值范围,从所有钢包中剔除不符合要求的钢包,更新可用钢包集合 $\Omega$。

步骤 4:根据选配规则,在 $\Omega$ 中剔除不符合要求的钢包。

步骤 5:如果 $|\Omega| > 1$,基于规则优先级方法 RP 选配最合适的钢包,即确定 $x_{i,j}^k$。如果 $n = N$ 转到步骤 6;否则 $n = n + 1$,转到步骤 2。

步骤 6:结束。

根据钢包选配排序和选配优先级进行组合,得到多种启发式脱碳钢包选配方法,见表 5.16。

**表 5.16 脱碳钢包选配规则优先级选配方法**

| 序号 | 排序 | 优先级 | 选配方法 |
|------|------|--------|----------|
| 1 | Seq1 | $A_{g,1}$ | $H_1$ |
| ⋮ | ⋮ | ⋮ | ⋮ |
| 24 | Seq1 | $A_{g,2,4}$ | $H_{24}$ |
| 25 | Seq2 | $A_{g,1}$ | $H_{25}$ |
| ⋮ | ⋮ | ⋮ | ⋮ |
| 48 | Seq2 | $A_{g,2,4}$ | $H_{48}$ |

其中,炉次选配脱碳包括 Seq1 和 Seq2;钢包选配规则优先级包括 24 种,见表 5.16。炉次选配钢包处理流程如图 5.6 所示。

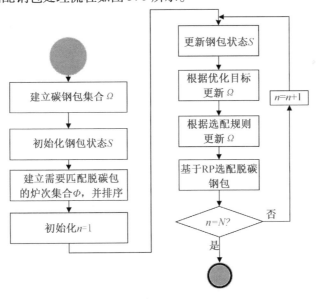

**图 5.6 钢包选配处理流程**

本书的评价方案采用模糊综合评价—加权平均复合模型的方案。确定评价因素集,计算评价体系选配结果进行比较,如图5.7所示。

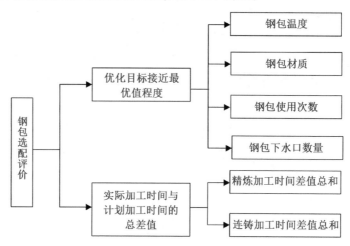

**图5.7 钢包选配评价体系**

仿真参数描述如下。

(1)炉次数规模 $C_1$ 表示需要选配钢包的炉次数量。$C_1=1$ 表示小规模炉次,炉次数量 $N\in[0,30]$;$C_1=2$ 表示中等规模炉次,$N\in[31,90]$;$C_1=2$ 表示大规模炉次,$N\in[91,200]$。

(2)钢包初始参数 $C_2$ 初始参数生成方式。$C_2=1$ 表示见表5.3所示每一个钢包属性,随机选择工艺允许的上限值或下限值;$C_2=2$ 表示在工艺允许的上限值或下限值 ±10% 范围内,随机取值;$C_2=3$ 表示在工艺允许的上限值或下限值 ±10% 范围内服从正态分布。

(3)钢包周转规模 $C_3$ 表示现场周转的钢包数量。$C_3=1$ 表示小规模,周转数量 $K\in[9,13]$;$C_3=2$ 表示中等规模,周转数量 $K\in[19,23]$;$C_3=3$ 表示大规模,周转数量 $K\in[29,33]$。

每类炉次数规模在仿真参数描述的(1)~(3)问题都选取3组数据进行糊综合评价的结果取平均值后见表5.17。可知方法 $H_1$ 性能更好,在大多数情况下比其他方法优越。随着炉次规模 $C_1$ 的增大,各种启发式方法的性能逐渐下降,这是因为随着炉次规模的增加,钢包性能不断下降,符合炉次要求的钢包数量也在减少。钢包初始参数 $C_2=3$ 时,启发式方法的性能要稍好一些,这是因为存在更多

表 5.17　启发式方法评价值（Seq1）

| 序号 | $C_1$ | $C_2$ | $C_3$ | $H_1$ | $H_2$ | $H_3$ | $H_4$ | $H_5$ | $H_6$ | $H_7$ | $H_8$ | $H_9$ | $H_{10}$ | $H_{11}$ | $H_{12}$ | $H_{13}$ | $H_{14}$ | $H_{15}$ | $H_{16}$ | $H_{17}$ | $H_{18}$ | $H_{19}$ | $H_{20}$ | $H_{21}$ | $H_{22}$ | $H_{23}$ | $H_{24}$ |
|---|---|---|---|---|---|---|---|---|---|---|---|---|---|---|---|---|---|---|---|---|---|---|---|---|---|---|---|
| 1 | 1 | 1 | 1 | 0.66 | 0.55 | 0.59 | 0.58 | 0.54 | 0.60 | 0.62 | 0.61 | 0.56 | 0.62 | 0.53 | 0.60 | 0.59 | 0.57 | 0.53 | 0.56 | 0.63 | 0.55 | 0.53 | 0.53 | 0.55 | 0.56 | 0.62 | 0.60 |
| 2 | 1 | 1 | 2 | 0.82 | 0.77 | 0.70 | 0.73 | 0.69 | 0.80 | 0.79 | 0.78 | 0.72 | 0.79 | 0.69 | 0.70 | 0.79 | 0.80 | 0.74 | 0.72 | 0.73 | 0.70 | 0.70 | 0.69 | 0.72 | 0.73 | 0.76 | 0.72 |
| 3 | 1 | 1 | 3 | 0.84 | 0.73 | 0.77 | 0.81 | 0.74 | 0.72 | 0.78 | 0.74 | 0.76 | 0.82 | 0.82 | 0.76 | 0.78 | 0.77 | 0.79 | 0.75 | 0.82 | 0.74 | 0.76 | 0.80 | 0.76 | 0.82 | 0.76 | 0.82 |
| 4 | 1 | 2 | 1 | 0.68 | 0.63 | 0.61 | 0.54 | 0.55 | 0.63 | 0.57 | 0.55 | 0.54 | 0.62 | 0.61 | 0.63 | 0.57 | 0.53 | 0.59 | 0.55 | 0.56 | 0.61 | 0.61 | 0.64 | 0.53 | 0.53 | 0.61 | 0.63 |
| 5 | 1 | 2 | 2 | 0.81 | 0.79 | 0.70 | 0.81 | 0.81 | 0.80 | 0.80 | 0.77 | 0.78 | 0.77 | 0.70 | 0.75 | 0.74 | 0.76 | 0.71 | 0.77 | 0.76 | 0.78 | 0.74 | 0.80 | 0.79 | 0.80 | 0.81 | 0.80 |
| 6 | 1 | 2 | 3 | 0.87 | 0.75 | 0.77 | 0.80 | 0.75 | 0.78 | 0.82 | 0.81 | 0.73 | 0.81 | 0.79 | 0.77 | 0.81 | 0.76 | 0.75 | 0.74 | 0.82 | 0.73 | 0.73 | 0.81 | 0.72 | 0.72 | 0.81 | 0.81 |
| 7 | 1 | 3 | 1 | 0.72 | 0.59 | 0.63 | 0.62 | 0.66 | 0.69 | 0.60 | 0.66 | 0.68 | 0.60 | 0.61 | 0.67 | 0.63 | 0.61 | 0.63 | 0.61 | 0.67 | 0.61 | 0.63 | 0.66 | 0.69 | 0.66 | 0.68 | 0.61 |
| 8 | 1 | 3 | 2 | 0.87 | 0.78 | 0.87 | 0.83 | 0.84 | 0.78 | 0.86 | 0.84 | 0.81 | 0.84 | 0.77 | 0.78 | 0.77 | 0.83 | 0.77 | 0.78 | 0.84 | 0.76 | 0.83 | 0.84 | 0.78 | 0.83 | 0.85 | 0.84 |
| 9 | 1 | 3 | 3 | 0.92 | 0.89 | 0.79 | 0.87 | 0.86 | 0.80 | 0.89 | 0.89 | 0.81 | 0.80 | 0.88 | 0.83 | 0.89 | 0.83 | 0.88 | 0.85 | 0.81 | 0.83 | 0.80 | 0.86 | 0.78 | 0.79 | 0.78 | 0.79 |
| 10 | 2 | 1 | 1 | 0.51 | 0.41 | 0.51 | 0.49 | 0.40 | 0.41 | 0.40 | 0.49 | 0.44 | 0.43 | 0.51 | 0.49 | 0.41 | 0.40 | 0.40 | 0.43 | 0.49 | 0.42 | 0.51 | 0.51 | 0.48 | 0.48 | 0.43 | 0.42 |
| 11 | 2 | 1 | 2 | 0.64 | 0.57 | 0.62 | 0.65 | 0.61 | 0.57 | 0.64 | 0.64 | 0.67 | 0.68 | 0.65 | 0.64 | 0.60 | 0.58 | 0.68 | 0.59 | 0.59 | 0.57 | 0.57 | 0.64 | 0.63 | 0.58 | 0.63 | 0.59 |
| 12 | 2 | 1 | 3 | 0.70 | 0.70 | 0.70 | 0.68 | 0.61 | 0.59 | 0.63 | 0.63 | 0.68 | 0.67 | 0.66 | 0.70 | 0.66 | 0.62 | 0.64 | 0.62 | 0.66 | 0.62 | 0.69 | 0.60 | 0.63 | 0.64 | 0.59 | 0.67 |
| 13 | 2 | 2 | 1 | 0.50 | 0.50 | 0.50 | 0.49 | 0.49 | 0.49 | 0.48 | 0.41 | 0.47 | 0.44 | 0.44 | 0.46 | 0.42 | 0.51 | 0.45 | 0.50 | 0.48 | 0.45 | 0.50 | 0.47 | 0.46 | 0.52 | 0.47 | 0.51 |
| 14 | 2 | 2 | 2 | 0.71 | 0.66 | 0.58 | 0.60 | 0.60 | 0.62 | 0.67 | 0.58 | 0.69 | 0.60 | 0.64 | 0.63 | 0.61 | 0.66 | 0.66 | 0.59 | 0.58 | 0.65 | 0.62 | 0.62 | 0.69 | 0.69 | 0.59 | 0.67 |
| 15 | 2 | 2 | 3 | 0.76 | 0.60 | 0.66 | 0.60 | 0.67 | 0.65 | 0.62 | 0.63 | 0.62 | 0.70 | 0.60 | 0.71 | 0.67 | 0.65 | 0.69 | 0.61 | 0.65 | 0.63 | 0.66 | 0.70 | 0.64 | 0.71 | 0.66 | 0.70 |
| 16 | 2 | 3 | 1 | 0.61 | 0.54 | 0.52 | 0.57 | 0.53 | 0.49 | 0.57 | 0.55 | 0.53 | 0.50 | 0.50 | 0.49 | 0.57 | 0.56 | 0.51 | 0.52 | 0.58 | 0.49 | 0.49 | 0.52 | 0.54 | 0.55 | 0.53 | 0.54 |
| 17 | 2 | 3 | 2 | 0.79 | 0.67 | 0.74 | 0.72 | 0.68 | 0.66 | 0.68 | 0.75 | 0.70 | 0.71 | 0.68 | 0.64 | 0.75 | 0.68 | 0.73 | 0.64 | 0.75 | 0.68 | 0.68 | 0.68 | 0.65 | 0.71 | 0.67 | 0.72 |
| 18 | 2 | 3 | 3 | 0.82 | 0.66 | 0.76 | 0.67 | 0.75 | 0.67 | 0.69 | 0.77 | 0.67 | 0.75 | 0.66 | 0.69 | 0.69 | 0.68 | 0.69 | 0.69 | 0.76 | 0.70 | 0.74 | 0.69 | 0.71 | 0.70 | 0.72 | 0.73 |
| 19 | 3 | 1 | 1 | 0.50 | 0.40 | 0.44 | 0.41 | 0.42 | 0.40 | 0.45 | 0.40 | 0.39 | 0.41 | 0.49 | 0.43 | 0.42 | 0.42 | 0.40 | 0.43 | 0.42 | 0.43 | 0.49 | 0.40 | 0.42 | 0.44 | 0.48 | 0.48 |
| 20 | 3 | 1 | 2 | 0.63 | 0.56 | 0.62 | 0.64 | 0.67 | 0.56 | 0.58 | 0.62 | 0.62 | 0.59 | 0.64 | 0.63 | 0.63 | 0.57 | 0.63 | 0.56 | 0.59 | 0.66 | 0.59 | 0.56 | 0.59 | 0.66 | 0.67 | 0.62 |
| 21 | 3 | 1 | 3 | 0.67 | 0.61 | 0.69 | 0.59 | 0.63 | 0.62 | 0.61 | 0.69 | 0.62 | 0.66 | 0.58 | 0.60 | 0.65 | 0.68 | 0.60 | 0.58 | 0.58 | 0.62 | 0.67 | 0.58 | 0.64 | 0.63 | 0.67 | 0.60 |
| 22 | 3 | 2 | 1 | 0.54 | 0.50 | 0.50 | 0.44 | 0.42 | 0.48 | 0.45 | 0.42 | 0.40 | 0.51 | 0.45 | 0.47 | 0.40 | 0.41 | 0.40 | 0.42 | 0.40 | 0.48 | 0.43 | 0.51 | 0.40 | 0.45 | 0.44 | 0.44 |
| 23 | 3 | 2 | 2 | 0.71 | 0.60 | 0.57 | 0.68 | 0.58 | 0.68 | 0.57 | 0.66 | 0.63 | 0.65 | 0.61 | 0.64 | 0.62 | 0.67 | 0.66 | 0.65 | 0.59 | 0.66 | 0.58 | 0.64 | 0.62 | 0.64 | 0.68 | 0.67 |
| 24 | 3 | 2 | 3 | 0.72 | 0.65 | 0.70 | 0.68 | 0.61 | 0.68 | 0.61 | 0.62 | 0.64 | 0.65 | 0.67 | 0.69 | 0.66 | 0.65 | 0.60 | 0.60 | 0.70 | 0.66 | 0.60 | 0.62 | 0.67 | 0.63 | 0.68 | 0.61 |
| 25 | 3 | 3 | 1 | 0.63 | 0.53 | 0.55 | 0.48 | 0.49 | 0.55 | 0.57 | 0.46 | 0.49 | 0.47 | 0.53 | 0.52 | 0.46 | 0.48 | 0.53 | 0.54 | 0.52 | 0.47 | 0.48 | 0.57 | 0.47 | 0.56 | 0.46 | 0.54 |
| 26 | 3 | 3 | 2 | 0.77 | 0.63 | 0.71 | 0.72 | 0.68 | 0.70 | 0.70 | 0.74 | 0.72 | 0.72 | 0.73 | 0.70 | 0.63 | 0.74 | 0.74 | 0.71 | 0.69 | 0.71 | 0.70 | 0.69 | 0.73 | 0.69 | 0.64 | 0.72 |
| 27 | 3 | 3 | 3 | 0.77 | 0.69 | 0.74 | 0.72 | 0.67 | 0.74 | 0.74 | 0.66 | 0.71 | 0.65 | 0.71 | 0.67 | 0.65 | 0.66 | 0.71 | 0.72 | 0.76 | 0.72 | 0.73 | 0.67 | 0.68 | 0.76 | 0.73 | 0.71 |
| 28 | 3 | 1 | 1 | 0.61 | 0.51 | 0.50 | 0.55 | 0.48 | 0.49 | 0.54 | 0.49 | 0.53 | 0.55 | 0.52 | 0.49 | 0.55 | 0.55 | 0.54 | 0.55 | 0.52 | 0.51 | 0.50 | 0.53 | 0.54 | 0.48 | 0.55 | 0.48 |

续表 5.17

| 序号 | $C_1$ | $C_2$ | $C_3$ | $H_1$ | $H_2$ | $H_3$ | $H_4$ | $H_5$ | $H_6$ | $H_7$ | $H_8$ | $H_9$ | $H_{10}$ | $H_{11}$ | $H_{12}$ | $H_{13}$ | $H_{14}$ | $H_{15}$ | $H_{16}$ | $H_{17}$ | $H_{18}$ | $H_{19}$ | $H_{20}$ | $H_{21}$ | $H_{22}$ | $H_{23}$ | $H_{24}$ |
|---|---|---|---|---|---|---|---|---|---|---|---|---|---|---|---|---|---|---|---|---|---|---|---|---|---|---|---|
| 29 | 1 | 1 | 2 | 0.75 | 0.69 | 0.69 | 0.65 | 0.72 | 0.72 | 0.67 | 0.68 | 0.65 | 0.67 | 0.69 | 0.66 | 0.65 | 0.66 | 0.67 | 0.71 | 0.67 | 0.66 | 0.67 | 0.66 | 0.66 | 0.68 | 0.69 | 0.67 |
| 30 | 1 | 1 | 3 | 0.73 | 0.71 | 0.67 | 0.74 | 0.70 | 0.72 | 0.71 | 0.73 | 0.70 | 0.68 | 0.69 | 0.70 | 0.72 | 0.73 | 0.69 | 0.73 | 0.72 | 0.68 | 0.68 | 0.72 | 0.70 | 0.71 | 0.74 | 0.69 |
| 31 | 1 | 2 | 1 | 0.56 | 0.52 | 0.51 | 0.53 | 0.55 | 0.55 | 0.56 | 0.50 | 0.56 | 0.51 | 0.56 | 0.51 | 0.56 | 0.52 | 0.56 | 0.51 | 0.54 | 0.54 | 0.54 | 0.55 | 0.55 | 0.55 | 0.50 | 0.53 |
| 32 | 1 | 2 | 2 | 0.78 | 0.70 | 0.69 | 0.66 | 0.68 | 0.73 | 0.72 | 0.69 | 0.71 | 0.71 | 0.72 | 0.66 | 0.69 | 0.73 | 0.66 | 0.71 | 0.67 | 0.67 | 0.70 | 0.68 | 0.72 | 0.73 | 0.72 | 0.68 |
| 33 | 1 | 2 | 3 | 0.75 | 0.75 | 0.75 | 0.73 | 0.75 | 0.68 | 0.72 | 0.70 | 0.69 | 0.74 | 0.73 | 0.69 | 0.70 | 0.75 | 0.75 | 0.68 | 0.71 | 0.72 | 0.73 | 0.69 | 0.73 | 0.75 | 0.74 | 0.73 |
| 34 | 1 | 3 | 1 | 0.66 | 0.55 | 0.59 | 0.59 | 0.56 | 0.62 | 0.60 | 0.61 | 0.60 | 0.55 | 0.61 | 0.57 | 0.62 | 0.56 | 0.58 | 0.59 | 0.56 | 0.58 | 0.61 | 0.59 | 0.57 | 0.61 | 0.57 | 0.57 |
| 35 | 1 | 3 | 2 | 0.80 | 0.76 | 0.78 | 0.73 | 0.74 | 0.76 | 0.77 | 0.73 | 0.72 | 0.74 | 0.79 | 0.78 | 0.75 | 0.79 | 0.73 | 0.74 | 0.72 | 0.78 | 0.75 | 0.73 | 0.72 | 0.76 | 0.72 | 0.74 |
| 36 | 1 | 3 | 3 | 0.80 | 0.74 | 0.74 | 0.75 | 0.75 | 0.76 | 0.77 | 0.80 | 0.79 | 0.76 | 0.76 | 0.79 | 0.74 | 0.77 | 0.78 | 0.74 | 0.77 | 0.79 | 0.76 | 0.79 | 0.75 | 0.79 | 0.75 | 0.75 |
| 37 | 2 | 1 | 1 | 0.43 | 0.39 | 0.40 | 0.39 | 0.39 | 0.37 | 0.38 | 0.41 | 0.39 | 0.40 | 0.37 | 0.38 | 0.40 | 0.39 | 0.36 | 0.42 | 0.43 | 0.36 | 0.37 | 0.37 | 0.41 | 0.39 | 0.38 | 0.40 |
| 38 | 2 | 1 | 2 | 0.61 | 0.55 | 0.59 | 0.55 | 0.55 | 0.55 | 0.53 | 0.56 | 0.59 | 0.60 | 0.60 | 0.58 | 0.58 | 0.60 | 0.56 | 0.57 | 0.60 | 0.57 | 0.55 | 0.57 | 0.55 | 0.55 | 0.57 | 0.60 |
| 39 | 2 | 1 | 3 | 0.65 | 0.58 | 0.61 | 0.56 | 0.58 | 0.55 | 0.59 | 0.61 | 0.56 | 0.62 | 0.56 | 0.55 | 0.57 | 0.62 | 0.58 | 0.55 | 0.58 | 0.60 | 0.59 | 0.58 | 0.58 | 0.58 | 0.55 | 0.62 |
| 40 | 2 | 2 | 1 | 0.47 | 0.41 | 0.39 | 0.37 | 0.38 | 0.43 | 0.39 | 0.44 | 0.43 | 0.43 | 0.43 | 0.43 | 0.41 | 0.44 | 0.44 | 0.43 | 0.39 | 0.38 | 0.41 | 0.43 | 0.42 | 0.40 | 0.38 | 0.44 |
| 41 | 2 | 2 | 2 | 0.60 | 0.55 | 0.54 | 0.59 | 0.61 | 0.61 | 0.57 | 0.54 | 0.57 | 0.60 | 0.58 | 0.60 | 0.59 | 0.57 | 0.59 | 0.57 | 0.59 | 0.55 | 0.56 | 0.58 | 0.55 | 0.59 | 0.58 | 0.58 |
| 42 | 2 | 2 | 3 | 0.67 | 0.60 | 0.58 | 0.58 | 0.63 | 0.57 | 0.57 | 0.57 | 0.59 | 0.58 | 0.56 | 0.56 | 0.61 | 0.60 | 0.56 | 0.62 | 0.61 | 0.61 | 0.58 | 0.61 | 0.59 | 0.57 | 0.56 | 0.63 |
| 43 | 2 | 3 | 1 | 0.53 | 0.44 | 0.44 | 0.47 | 0.44 | 0.48 | 0.49 | 0.46 | 0.47 | 0.47 | 0.50 | 0.45 | 0.48 | 0.44 | 0.44 | 0.44 | 0.46 | 0.46 | 0.45 | 0.47 | 0.46 | 0.47 | 0.48 | 0.43 |
| 44 | 2 | 3 | 2 | 0.66 | 0.63 | 0.61 | 0.63 | 0.62 | 0.67 | 0.60 | 0.64 | 0.63 | 0.62 | 0.66 | 0.65 | 0.60 | 0.65 | 0.67 | 0.65 | 0.64 | 0.63 | 0.61 | 0.64 | 0.65 | 0.65 | 0.60 | 0.61 |
| 45 | 2 | 3 | 3 | 0.71 | 0.62 | 0.62 | 0.62 | 0.67 | 0.67 | 0.65 | 0.69 | 0.65 | 0.63 | 0.66 | 0.65 | 0.66 | 0.64 | 0.62 | 0.65 | 0.64 | 0.63 | 0.69 | 0.65 | 0.65 | 0.65 | 0.63 | 0.69 |
| 46 | 3 | 1 | 1 | 0.44 | 0.41 | 0.41 | 0.41 | 0.36 | 0.39 | 0.37 | 0.37 | 0.38 | 0.42 | 0.42 | 0.36 | 0.42 | 0.35 | 0.42 | 0.40 | 0.42 | 0.37 | 0.37 | 0.42 | 0.37 | 0.37 | 0.36 | 0.37 |
| 47 | 3 | 1 | 2 | 0.62 | 0.58 | 0.57 | 0.54 | 0.58 | 0.57 | 0.58 | 0.52 | 0.59 | 0.52 | 0.56 | 0.59 | 0.59 | 0.56 | 0.58 | 0.59 | 0.52 | 0.54 | 0.56 | 0.58 | 0.55 | 0.58 | 0.57 | 0.54 |
| 48 | 3 | 1 | 3 | 0.63 | 0.56 | 0.57 | 0.57 | 0.55 | 0.55 | 0.59 | 0.55 | 0.58 | 0.58 | 0.56 | 0.56 | 0.60 | 0.54 | 0.55 | 0.60 | 0.61 | 0.56 | 0.56 | 0.60 | 0.57 | 0.54 | 0.59 | 0.56 |
| 49 | 3 | 2 | 1 | 0.43 | 0.38 | 0.37 | 0.37 | 0.36 | 0.41 | 0.42 | 0.41 | 0.36 | 0.39 | 0.43 | 0.40 | 0.37 | 0.38 | 0.42 | 0.41 | 0.39 | 0.38 | 0.38 | 0.39 | 0.39 | 0.39 | 0.37 | 0.41 |
| 50 | 3 | 2 | 2 | 0.62 | 0.56 | 0.55 | 0.56 | 0.57 | 0.60 | 0.59 | 0.56 | 0.57 | 0.54 | 0.55 | 0.59 | 0.53 | 0.56 | 0.54 | 0.60 | 0.58 | 0.57 | 0.54 | 0.53 | 0.53 | 0.53 | 0.57 | 0.60 |
| 51 | 3 | 2 | 3 | 0.61 | 0.59 | 0.57 | 0.55 | 0.61 | 0.56 | 0.62 | 0.60 | 0.56 | 0.58 | 0.60 | 0.59 | 0.57 | 0.58 | 0.55 | 0.55 | 0.59 | 0.62 | 0.62 | 0.60 | 0.62 | 0.62 | 0.60 | 0.55 |
| 52 | 3 | 3 | 1 | 0.50 | 0.44 | 0.48 | 0.47 | 0.44 | 0.47 | 0.47 | 0.45 | 0.48 | 0.45 | 0.44 | 0.42 | 0.47 | 0.48 | 0.46 | 0.44 | 0.47 | 0.46 | 0.47 | 0.47 | 0.47 | 0.47 | 0.47 | 0.44 |
| 53 | 3 | 3 | 2 | 0.69 | 0.59 | 0.66 | 0.63 | 0.59 | 0.64 | 0.66 | 0.59 | 0.66 | 0.61 | 0.64 | 0.62 | 0.62 | 0.61 | 0.61 | 0.63 | 0.61 | 0.64 | 0.65 | 0.65 | 0.59 | 0.59 | 0.62 | 0.64 |
| 54 | 3 | 3 | 3 | 0.74 | 0.66 | 0.66 | 0.63 | 0.64 | 0.68 | 0.63 | 0.66 | 0.65 | 0.65 | 0.62 | 0.63 | 0.67 | 0.61 | 0.64 | 0.62 | 0.63 | 0.62 | 0.63 | 0.61 | 0.62 | 0.62 | 0.68 | 0.68 |

性能较好的钢包。随着现场钢包周转数量的增大,启发式方法的性能逐渐提高,这是因为炉次有更多的钢包可以选择,但是 $C_3 = 2$ 与 $C_3 = 3$ 差别不大,因为钢包的制造和运行维护成本非常高,更少的钢包周转数量可以节省更多的成本,所以建议使用中等规模的周转钢包数量。

为了进一步对启发式方法 $H_1$ 的调度效果进行研究,对 $H_1$ 在参数 $C_1$、$C_2$ 和 $C_3$ 发生变化的时候对评价值的影响进行分析。

如图 5.8(a)所示,随着参数 $C_1$ 的增加,即炉次规模的增大,$H_1$ 的性能不断地下降;与此同时,随着参数 $C_2$ 的变化,即存在更多性能较好的钢包,$H_1$ 的性能不断地上升。如图 5.8(b)所示,随着参数 $C_1$ 的增加,即炉次规模的增大,$H_1$ 的性能不断地下降;与此同时,随着参数 $C_3$ 的变化,即存在更多周转的钢包,$H_1$ 的性能不断地上升。如图 5.8(c)所示,随着参数 $C_2$ 的变化,即存在更多性能较好的钢包,$H_1$ 的性能不断地下降;与此同时,随着参数 $C_3$ 增大,即存在更多周转的钢包,$H_1$ 的性能不断地上升。

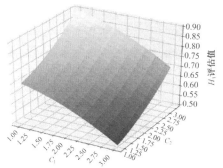

(a)启发式方法$H_1$随参数$C_1$、$C_2$的变化

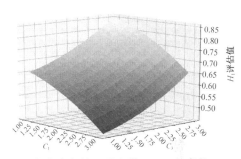

(b)启发式方法$H_1$随参数$C_1$、$C_3$的变化

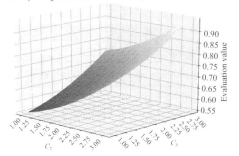

(c)启发式方法$H_1$随参数$C_2$、$C_3$的变化

**图5.8　仿真参数变化对评价值的影响**

采用实际数据对脱碳钢包选配进行说明,初始数据描述如下。炉次调度计划中包含 3 个浇次,每个浇次中包括 7 个炉次,即 $J_1 = J_2 = J_3 = 7$。3 个浇次的炉次加工顺序集合分别为 $I1^* = \{L_{1,1}, L_{1,2}, L_{1,3}, L_{1,4}, L_{1,5}, L_{1,6}, L_{1,7}\}$,$I2^* = \{L_{2,1}, L_{2,2}, L_{2,3}, L_{2,4}, L_{2,5}, L_{2,6}, L_{2,7}\}$,$I3^* = \{L_{3,1}, L_{3,2}, L_{3,3}, L_{3,4}, L_{3,5}, L_{3,6}, L_{3,7}\}$。其中,炉次 $L_{3,1}$、$L_{3,2}$ 包含脱磷工艺,炉次 $L_{1,2}$、$L_{1,3}$、$L_{2,2}$、$L_{2,3}$、$L_{3,2}$ 已匹配钢包,炉次 $L_{3,3}$ 包含 LF 精炼。通过脱碳钢包选配方法为未选配脱碳包的炉次进行选配,决策出对应的 $Lc_{i,j,k}$ 值。

步骤 1:初始化炉次集合 $\Phi$ 为空。通过炉次调度计划获取当前生产的所有炉次 $L_{ij}$,$(i = 1, 2, 3; j = 1, 2, \cdots, N_i)$ 放入集合 $\Phi$ 中,集合 $\Phi$ 见表 5.18 所示。

步骤 2:若炉次 $L_{i,j}$ 已经选配脱碳包,即 $\exists Lc_{\varphi_N, k} = 1 (k = 1, 2, \cdots, 39)$ 从集合 $\Phi$ 中去掉该炉次,炉次集合 $\Phi$ 见表 5.19 所示。

$$\text{IF } Lc_{i,j,k} = 1 \text{ THEN } \Phi = \Phi - \{L_{i,j}\} \tag{5.92}$$

步骤 3:使用快速排序法对集合 $\Phi = \{\varphi_1, \varphi_2, \cdots, \varphi_N\}$ 中的炉次 $L_{i,j}$ 按照脱碳转炉完工时间从先到后排序。

步骤 4:对未选配脱碳钢包的炉次集合 $\Phi = \{\varphi_1, \varphi_2, \cdots, \varphi_N\}$ 中的含有特殊处理要求的炉次选配脱碳包(表 5.20)。钢包属性如图 5.9 所示。

如果炉次含有 LF 精炼,需要选择上水口次数不大于 15 次,包龄小于 100 的钢包;如果炉次的钢种是钢帘线(钢种头两位是 KK 或 XK),需要选择包龄小于 50 次,上水口使用次数大于等于 2 且小于 10 的钢包;如果炉次是连铸第一炉,禁止使用新包。由静态计划可知,炉次 $L_{33}$ 包含 LF 精炼,炉次 $L_{1,1}$,$L_{2,1}$,$L_{3,1}$ 是连铸第一炉。

$$L_{3,3,k} = 1, k \in \{k \mid UP_k \leqslant 15, L(k) < 100\} \tag{5.93}$$

$$L_{i,j,k} = 1, k \in \{k \mid L(k) \neq 0\}, i = 1, 2, 3, j = 1 \tag{5.94}$$

步骤 5:对现有未选配脱碳钢包的炉次集合 $\Phi = \{\varphi_1, \varphi_2, \cdots, \varphi_N\}$ 中的炉次选配脱碳包。按照判定的工况选配脱碳包,结果见表 5.21 所示。

表 5.18　炉次调度计划

| 炉次 | 脱磷转炉 | | | 脱碳转炉 | | | 连铸 | | |
|---|---|---|---|---|---|---|---|---|---|
| | 开始时间 $x_{i,j,\theta}(k_1)$ | 结束时间 $y_{i,j,\theta}(k_1)$ | 设备 $k_1$ | 开始时间 $x_{i,j,\theta}(k_1)$ | 结束时间 $y_{i,j,\theta}(k_1)$ | 设备 $k_1$ | 开始时间 $x_{i,j,\theta}(k_6)$ | 结束时间 $y_{i,j,\theta}(k_6)$ | 设备 $k_6$ |
| $L_{1,1}$ | | | | 01:15 | 01:36 | 1LD | 02:34 | 03:21 | 1CC |
| $L_{1,2}$ | | | | 01:55 | 02:16 | 3LD | 03:14 | 04:14 | 1CC |

续表 5.18

| 炉次 | 脱磷转炉 | | | 脱碳转炉 | | | 连铸 | | |
|---|---|---|---|---|---|---|---|---|---|
| | 开始时间 $x_{i,j,\theta}(k_1)$ | 结束时间 $y_{i,j,\theta}(k_1)$ | 设备 $k_1$ | 开始时间 $x_{i,j,\theta}(k_1)$ | 结束时间 $y_{i,j,\theta}(k_1)$ | 设备 $k_1$ | 开始时间 $x_{i,j,\theta}(k_6)$ | 结束时间 $y_{i,j,\theta}(k_6)$ | 设备 $k_6$ |
| $L_{1,3}$ | | | | 02:48 | 03:09 | 3LD | 04:07 | 04:59 | 1CC |
| $L_{1,4}$ | | | | 03:33 | 03:54 | 2LD | 04:52 | 05:46 | 1CC |
| $L_{1,5}$ | | | | 04:18 | 04:39 | 3LD | 05:39 | 06:34 | 1CC |
| $L_{1,6}$ | | | | 05:08 | 05:29 | 1LD | 06:27 | 07:13 | 1CC |
| $L_{1,7}$ | | | | 05:47 | 06:08 | 2LD | 07:06 | 08:07 | 1CC |
| $L_{2,1}$ | | | | 01:11 | 01:32 | 3LD | 02:23 | 03:22 | 2CC |
| $L_{2,2}$ | | | | 02:03 | 02:24 | 1LD | 03:15 | 04:17 | 2CC |
| $L_{2,3}$ | | | | 02:58 | 03:19 | 2LD | 04:10 | 05:14 | 2CC |
| $L_{2,4}$ | | | | 03:55 | 04:16 | 1LD | 05:07 | 06:12 | 2CC |
| $L_{2,5}$ | | | | 04:53 | 05:14 | 3LD | 06:05 | 07:01 | 2CC |
| $L_{2,6}$ | | | | 05:42 | 06:03 | 3LD | 06:54 | 07:51 | 2CC |
| $L_{2,7}$ | | | | 06:23 | 06:44 | 3LD | 07:44 | 08:33 | 2CC |
| $L_{3,1}$ | 22:33 | 22:57 | 3LD | 01:45 | 02:16 | 2LD | 04:05 | 04:54 | 3CC |
| $L_{3,2}$ | 02:20 | 02:44 | 2LD | 03:32 | 04:03 | 3LD | 04:47 | 05:38 | 3CC |
| $L_{3,3}$ | | | | 03:13 | 03:34 | 1LD | 05:31 | 06:31 | 3CC |
| $L_{3,4}$ | | | | 05:05 | 05:26 | 2LD | 06:24 | 07:14 | 3CC |
| $L_{3,5}$ | | | | 05:48 | 06:09 | 1LD | 07:07 | 07:54 | 3CC |
| $L_{3,6}$ | | | | 06:35 | 06:56 | 2LD | 07:47 | 08:34 | 3CC |
| $L_{3,7}$ | | | | 07:15 | 07:36 | 3LD | 08:27 | 09:14 | 3CC |

表 5.19　已选配脱碳包的炉次计划

| 炉次 | 脱磷转炉 | | | 脱碳转炉 | | | 连铸 | | |
|---|---|---|---|---|---|---|---|---|---|
| | 开始时间 $x_{i,j,\theta}(k_1)$ | 结束时间 $y_{i,j,\theta}(k_1)$ | 设备 $k_1$ | 开始时间 $x_{i,j,\theta}(k_1)$ | 结束时间 $y_{i,j,\theta}(k_1)$ | 设备 $k_1$ | 开始时间 $x_{i,j,\theta}(k_6)$ | 结束时间 $y_{i,j,\theta}(k_6)$ | 设备 $k_6$ |
| $L_{1,1}$ | | | | 01:15 | 01:36 | 1LD | 02:34 | 03:21 | 1CC |
| $L_{1,4}$ | | | | 03:33 | 03:54 | 2LD | 04:52 | 05:46 | 1CC |
| $L_{1,5}$ | | | | 04:18 | 04:39 | 3LD | 05:39 | 06:34 | 1CC |
| $L_{1,6}$ | | | | 05:08 | 05:29 | 1LD | 06:27 | 07:13 | 1CC |
| $L_{1,7}$ | | | | 05:47 | 06:08 | 2LD | 07:06 | 08:07 | 1CC |
| $L_{2,1}$ | | | | 01:11 | 01:32 | 3LD | 02:23 | 03:22 | 2CC |
| $L_{2,4}$ | | | | 03:55 | 04:16 | 1LD | 05:07 | 06:12 | 2CC |
| $L_{2,5}$ | | | | 04:53 | 05:14 | 3LD | 06:05 | 07:01 | 2CC |

续表 5.19

| 炉次 | 脱磷转炉 | | | 脱碳转炉 | | | 连铸 | | |
|---|---|---|---|---|---|---|---|---|---|
| | 开始时间 $x_{i,j,\theta}(k_1)$ | 结束时间 $y_{i,j,\theta}(k_1)$ | 设备 $k_1$ | 开始时间 $x_{i,j,\theta}(k_1)$ | 结束时间 $y_{i,j,\theta}(k_1)$ | 设备 $k_1$ | 开始时间 $x_{i,j,\theta}(k_6)$ | 结束时间 $y_{i,j,\theta}(k_6)$ | 设备 $k_6$ |
| $L_{2,6}$ | | | | 05:42 | 06:03 | 3LD | 06:54 | 07:51 | 2CC |
| $L_{2,7}$ | | | | 06:23 | 06:44 | 3LD | 07:44 | 08:33 | 2CC |
| $L_{3,1}$ | 22:33 | 22:57 | 3LD | 01:45 | 02:16 | 2LD | 04:05 | 04:54 | 3CC |
| $L_{3,3}$ | | | | 03:13 | 03:34 | 1LD | 05:31 | 06:31 | 3CC |
| $L_{3,4}$ | | | | 05:05 | 05:26 | 2LD | 06:24 | 07:14 | 3CC |
| $L_{3,5}$ | | | | 05:48 | 06:09 | 1LD | 07:07 | 07:54 | 3CC |
| $L_{3,6}$ | | | | 06:35 | 06:56 | 2LD | 07:47 | 08:34 | 3CC |
| $L_{3,7}$ | | | | 07:15 | 07:36 | 3LD | 08:27 | 09:14 | 3CC |

钢包主要属性查询 | 钢包状态输入

钢包状态 [　▼]　　　　W-运转 S-预备 D-干燥 M-修理　　　查询结果：

| 钢包代码 | 钢包号 | 名称 | 位置编码 | 当前温度测量点 | 大包状态 | 脱磷包 | 大包使用状况 | 炉役 | 使用次数 | 单双水口 | 空包重 | 包底量 | 锭型 |
|---|---|---|---|---|---|---|---|---|---|---|---|---|---|
| 601 | 1 | 01#钢包 | 183 | 12 | 6*D | 0 | W | 1 | 40 | 1 | 0 | 2 | |
| 602 | 2 | 02#钢包 | 411 | 1 | 6** | 0 | W | 1 | 77 | 1 | 132 | | |
| 603 | 3 | 03#钢包 | 412 | 21 | *** | 0 | W | 1 | 136 | 1 | 0 | | |
| 604 | 4 | 04#钢包 | 521 | | 59A | 0 | W | 1 | 4 | 1 | 135 | | |
| 605 | 5 | 05#钢包 | 531 | | 59C | 0 | W | 1 | 0 | 1 | | 1.5 | |
| 606 | 6 | 06#钢包 | 571 | | 59A | 0 | S | 1 | 117 | 1 | 142 | | |
| 607 | 7 | 07#钢包 | 561 | | 59A | 0 | W | 1 | 42 | 1 | 136 | 1.5 | |
| 608 | 8 | 08#钢包 | 113 | | 59A | 0 | W | 1 | 22 | 1 | 131 | | |
| 609 | 9 | 09#钢包 | 133 | | 59A | 0 | W | 1 | 4 | 1 | 135 | | |
| 610 | 10 | 10#钢包 | 143 | | *** | 0 | W | 1 | 21 | 1 | 0 | 1 | |
| 611 | 11 | 11#钢包 | 153 | | 59A | 0 | W | 1 | 19 | 1 | 140 | | |
| 612 | 12 | 12#钢包 | 1C1 | | 59D | 0 | W | 1 | 134 | 1 | 135 | 2 | |
| 613 | 13 | 13#钢包 | 2C1 | | *** | 0 | W | 2 | 129 | 1 | 0 | 0.5 | |
| 619 | 19 | 19#钢包 | 211 | 11 | *** | 0 | W | 1 | 0 | 1 | 0 | 1.5 | |
| 620 | 20 | 20#钢包 | 221 | | 6*A | 0 | D | 1 | 24 | 1 | 129 | 0.5 | |
| 621 | 21 | 21#钢包 | 231 | | 5*F | 0 | D | 1 | 0 | 1 | 0 | 3 | |
| 622 | 22 | 22#钢包 | 271 | 1 | 5*A | 0 | W | 1 | 63 | 2 | 139 | | |
| 623 | 23 | 23#钢包 | 261 | | 5*A | 0 | S | 1 | 128 | 1 | | | |
| 624 | 24 | 24#钢包 | 311 | | 5*A | 0 | W | 1 | 39 | 1 | 130 | | |
| 625 | 25 | 25#钢包 | 1L1 | | 59* | 0 | D | 1 | 117 | 1 | 0 | | |
| 626 | 26 | 26#钢包 | 2L1 | | 5*E | 0 | W | 1 | 20 | 1 | 127 | 2.5 | |

图 5.9　含有特殊处理要求的炉次选配的钢包属性

表 5.20　钢包的属性表

| 包号 | 名称 | 大包规制 | 钢包位置 | 使用状态 | 使用次数 | 冷钢量 | 上水口使用次数 | 下水口数量 |
|---|---|---|---|---|---|---|---|---|
| 601 | 01#钢包 | 59A | 183 | W | 40 | 2 | 24 | 1 |
| 602 | 02#钢包 | 59A | 411 | W | 77 | | 11 | 1 |
| 603 | 03#钢包 | 59A | 412 | M | 136 | 1 | 20 | 1 |

**续表 5.20**

| 包号 | 名称 | 大包规制 | 钢包位置 | 使用状态 | 使用次数 | 冷钢量 | 上水口使用次数 | 下水口数量 |
|---|---|---|---|---|---|---|---|---|
| 604 | 04#钢包 | 59A | 521 | W | 4 | | 7 | 1 |
| ⋮ | ⋮ | ⋮ | ⋮ | ⋮ | ⋮ | ⋮ | ⋮ | ⋮ |
| 636 | 36#钢包 | 59A | 5L10 | W | 126 | | 20 | 1 |
| 637 | 37#钢包 | 59A | 5L11 | W | 0 | 2 | 7 | 1 |
| 638 | 38#钢包 | 59C | 193 | W | 0 | 1.5 | 5 | 1 |
| 639 | 39#钢包 | 59A | 183 | W | 40 | 2 | 3 | 1 |

**表 5.21　对未选配配脱碳钢包的炉次选配脱碳包的钢包计划**

| 炉次 | 脱磷转炉 开始时间 | 结束 | 设备 | 脱碳转炉 开始时间 | 结束时间 | 设备 | 精炼工序 开始时间 | 结束时间 | 设备 | 钢包 脱磷包时间 | 脱碳包 |
|---|---|---|---|---|---|---|---|---|---|---|---|
| $L_{1,1}$ | | | | 01:15 | 01:36 | 1LD | 01:51 | 02:27 | 1RH | | 06 |
| $L_{1,2}$ | | | | 01:55 | 02:16 | 3LD | 02:31 | 03:07 | 1RH | | 82 |
| $L_{1,3}$ | | | | 02:48 | 03:09 | 3LD | 03:24 | 04:00 | 1RH | | 07 |
| $L_{1,4}$ | | | | 03:33 | 03:54 | 2LD | 04:09 | 04:45 | 1RH | | 29 |
| $L_{1,5}$ | | | | 04:18 | 04:39 | 3LD | 04:55 | 05:31 | 2RH | | 25 |
| $L_{1,6}$ | | | | 05:08 | 05:29 | 1LD | 05:44 | 06:20 | 1RH | | 05 |
| $L_{1,7}$ | | | | 05:47 | 06:08 | 2LD | 06:23 | 06:59 | 1RH | | 06 |
| $L_{2,1}$ | | | | 01:11 | 01:32 | 3LD | 01:48 | 02:18 | 2CAS | | 12 |
| $L_{2,2}$ | | | | 02:03 | 02:24 | 1LD | 02:40 | 03:10 | 1CAS | | 04 |
| $L_{2,3}$ | | | | 02:58 | 03:19 | 2LD | 03:35 | 04:05 | 2CAS | | 07 |
| $L_{2,4}$ | | | | 03:55 | 04:16 | 1LD | 04:32 | 05:02 | 1CAS | | 82 |
| $L_{2,5}$ | | | | 04:53 | 05:14 | 3LD | 05:30 | 06:00 | 2CAS | | 07 |
| $L_{2,6}$ | | | | 05:42 | 06:03 | 3LD | 06:19 | 06:49 | 2CAS | | 04 |
| $L_{2,7}$ | | | | 06:23 | 06:44 | 3LD | 07:00 | 07:36 | 2RH | | 06 |
| $L_{3,1}$ | 22:33 | 22:57 | 3LD | 01:45 | 02:16 | 2LD | 03:23 | 03:53 | 1CAS | 81 | 21 |
| $L_{3,2}$ | 02:20 | 02:44 | 2LD | 03:32 | 04:03 | 3LD | 04:12 | 04:42 | 2CAS | 84 | 05 |
| $L_{3,3}$ | | | | 03:13 | 03:34 | 1LD | 03:49 | 04:39 | LF | | 29 |
| $L_{3,4}$ | | | | 05:05 | 05:26 | 2LD | 05:42 | 06:12 | 1CAS | | 07 |
| $L_{3,5}$ | | | | 05:48 | 06:09 | 1LD | 06:25 | 06:55 | 1CAS | | 04 |
| $L_{3,6}$ | | | | 06:35 | 06:56 | 2LD | 07:12 | 07:42 | 2CAS | | 12 |
| $L_{3,7}$ | | | | 07:15 | 07:36 | 3LD | 07:52 | 08:22 | 2CAS | | 06 |

用基于规则推理启发式的钢包选配方法为炉次尽量选配温度高的钢包,满足工艺对钢包的要求,减少空包烘烤时间,实现了节能降耗。使用本方法能方便地编制炼钢厂钢包选配计划,实际应用效果良好;同时对计划人员编制与调整计划具有很好的参考指导价值,能够使管理人员和工作人员及时了解实际生产中的执行情况。

## 5.3.2 基于多优先级的钢包路径启发式编制算法

### 5.3.2.1 钢包路径编制对生产效率影响程度分析

目前的炼钢—精炼—连铸调度以人工调度为主。在一个大型、高速、多种工艺路径混合的生产企业中,靠人工来进行炼钢生产调度的难度很大。目前依靠人工制订的炉次计划只有连铸开浇时刻和转炉出钢的终止时刻,调度人员对执行结果没有一个直观的感性认识,容易造成物流堵塞或设备闲置,严重时还会造成钢水冻结、连铸断浇,影响炼钢厂炼钢生产的顺畅运行。钢包作为生产流程中钢水的载体,是为生产质量和生产计划的执行服务的,而天车是钢包的载运工具,是为钢包转运服务的,图5.10所示为钢包运行基本路径。

钢包路径选择负责选择钢包运输的路径,对炉次计划的执行起到直接作用,其对炉次生产的主要影响包括以下两部分。

(1)在同一台连铸机上相邻炉次断浇时间要尽可能小。

连铸是炼钢—连铸生产过程中的瓶颈工序;同时连铸机也是高费用设备,每开启一次机器都需要电费、设备调整时间、中间包的更换和辅助材料消耗(结晶器)。为了提高产能、降低生产成本,尽可能使在同一台连铸机上的炉次连续浇铸,以此来降低总调整费用,提高铸坯的产量,降低能耗。对于同一连铸机上相邻两个炉次间可能产生的断浇包括两种情况,具体描述如下。

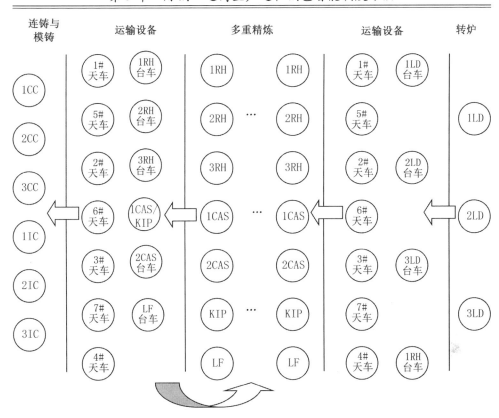

图 5.10 钢包运行基本路径示意

第一种情况:炉次 $L_{1,j}$ 在连铸机上未开始加工($\beta_{1,j,\vartheta_{1,j}} = 0$)。

同一连铸机上相邻两个炉次间的断浇由炉次 $L_{1,j}$ 的开工时间 $x^5_{1,j,\vartheta_{1,j}}(1)$、加工时间 $y^5_{1,j,\vartheta_{1,j}}(1)$ 和第 $L_{1,j+1}$ 炉的开工时间 $x^5_{1,j+1,\vartheta_{1,j+1}}(1)$ 来表示,

$$\Delta T_{j,j+1}(1) = \frac{(2 - \beta_{1,j,\vartheta_{1,j}})(1 - \beta_{1,j,\vartheta_{1j}})}{2}(x^5_{1,j+1,\vartheta_{1,j+1}}(1) - x^5_{1,j,\vartheta_{1,j}}(1) - y^5_{1,j,\vartheta_{1,j}}(1))$$

第二种情况:炉次 $L_{1,j}$ 在连铸机上正在加工($\beta_{1,j,\vartheta_{1,j}} = 1$)。

炉次 $L_{1,j}$ 的开工时间为 $ST^5_{1,j,\vartheta_{1,j}}(1)$(已知常数),断浇时间表示为

$$\Delta T_{j,j+1}(1) = (2 - \beta_{1,j,\vartheta_{1,j}})\beta_{1,j,\vartheta_{1,j}}(x^5_{1,j+1,\vartheta_{1,j+1}}(1) - ST^5_{1,j,\vartheta_{1,j}}(1) - y^5_{1,j,\vartheta_{1,j}}(1))$$

将上述两种形式合并表示为

$$\Delta T_{j,j+1}(1) = \frac{(2 - \beta_{1,j,\vartheta_{1,j}})(1 - \beta_{1,j,\vartheta_{1j}})}{2}(x^5_{1,j+1,\vartheta_{1,j+1}}(1) - x^5_{1,j,\vartheta_{1,j}}(1) - y^5_{1,j,\vartheta_{1j}}(1)) +$$

$$(2 - \beta_{1,j,\vartheta_{1,j}})\beta_{1,j,\vartheta_{1j}}(x^5_{1,j+1,\vartheta_{1,j+1}}(1) - ST^5_{1,j,\vartheta_{1,j}}(1) - y^5_{1,j,\vartheta_{1,j}}(1))$$

$$(5.95)$$

（2）炉次从转炉到精炼、精炼到精炼、精炼到连铸运输过程的冗余等待时间尽可能小。

炼钢生产过程，被加工的物流对象（炉次）在高温、高能耗中由液态（钢水）向固态（拉铸成坯）的转化，连铸对钢水的温度有着严格的要求，要求钢水按照规定的目标温度到达连铸工序，否则就延长生产时间或回炉升温。所以，严格控制炼钢—连铸生产过程中炉次不同设备之间的冗余等待时间，将有助于减少因等待导致钢水温降的情况，从而达到降低能耗，减少加热成本的目的。根据炉次 $L_{1,j}$ 在设备上的加工状态 $\beta_{1,j,\theta}$，炉次 $L_{1,j}$ 在不同设备之间的冗余等待时间表达式描述如下。

第一种情况：炉次 $L_{1,j}$ 在第 $g_1$ 类设备的第 $k_{g_1}$ 机器上（第 $\theta$ 个操作）未开始加工（$\beta_{1,j,\theta}=0$）。

炉次 $L_{1,j}$ 在不同设备之间的冗余等待时间，可以由第 $\theta$ 个操作在机器 $k_{g_1}$ 上的开工时间 $x_{1,j,\theta}^{g_1}(k_{g_1})$ 和加工时间 $T_{1,j}(k_{g_1})$，第 $\theta+1$ 个操作在机器 $k_{g_2}$ 上的开工时间 $x_{1,j,\theta+1}^{g_2}(k_{g_2})$ 和两设备间的标准运输时间 $T_{g_1,g_2}(k_{g_1},k_{g_2})$ 来表示，

$$\frac{(2-\beta_{1,j,\theta})(1-\beta_{1,j,\theta})}{2}(x_{1,j,\theta+1}^{g_2}(k_{g_2})-x_{1,j,\theta}^{g_1}(k_{g_1})-T_{1,j}(k_{g_1})-T_{g_1,g_2}(k_{g_1},k_{g_2}))$$

第二种情况：炉次 $L_{1,j}$ 在机器 $k_{g_1}$ 正在加工（$\beta_{1,j,\theta}=1$）。

炉次 $L_{1,j}$ 在第 $g_1$ 类设备的第 $k_{g_1}$ 机器上的开工时间 $ST_{1,j,\theta}^{g_1}(k_{g_1})$，冗余等待时间为

$$(2-\beta_{1,j,\theta})\beta_{1,j,\theta}\left[x_{1,j,\theta+1}^{g_2}(k_{g_2})-ST_{1,j,\theta}^{g_1}(k_{g_1})-T_{1,j}(k_{g_1})-T_{g_1,g_2}(k_{g_1},k_{g_2})\right]$$

第三种情况：炉次 $L_{1,j}$ 在机器 $k_{g_1}$ 上加工结束（$\beta_{1,j,\theta}=2$），并且炉次 $L_{1j}$ 在 $g_2$ 类设备的第 $k_{g_2}$ 机器上（第 $\theta+1$ 个操作）未开始加工（$\beta_{1,j,\theta+1}=0$）。

炉次 $L_{1,j}$ 在第 $g_1$ 类设备的第 $k_{g_1}$ 机器上的结束时间 $ET_{1,j,\theta}^{g_1}(k_{g_1})$，冗余等待时间为

$$\frac{(\beta_{1,j,\theta}-1)\beta_{1,j,\theta}}{2}\times\frac{(2-\beta_{1,j,\theta+1})(1-\beta_{1,j,\theta+1})}{2}\left[x_{1,j,\theta+1}^{g_2}(k_{g_2})-ET_{1,j,\theta}^{g_1}(k_{g_1})-T_{g_1,g_2}(k_{g_1},k_{g_2})\right]$$

将上述三种形式合并，炉次 $L_{1,j}$ 在不同设备之间的冗余等待时间累加

$$d_j(1)=\sum_{\theta=1}^{\theta_{1,j}-1} \tag{5.96}$$

综上所述，为了减少炉次的冗余等待时间，保证炉次计划的正常执行，对应的钢包路径编制要按照路径起吊放下次数、路径长度、运输时间、弹性时间和钢包温

降的优先级选取路径,优先级描述如下。

优先级 1:优先选择起吊放下次数少的路径。

优先级 2:优先选择长度短的路径。

优先级 3:优先选择运输时间短的路径。

优先级 4:优先选择运输的弹性时间大的路径。

优先级 5:优先选择钢包温降小的路径。

### 5.3.2.2　基于多优先级的钢包路径编制启发式算法

如 5.3.2.1 小节的分析,炉次的钢包路径编制包括五个步骤:①通过炉次调度计划获取当前生产的所有炉次 $L_{i,j}(i=1,2,3;j=1,2,\cdots,N_i)$ 放入集合 $\Phi$ 中;②对集合 $\Phi$ 中的炉次 $L_{i,j}$ 按照炉次 $L_{i,j}$ 从转炉到连铸工序的操作总数 $\vartheta_{i,j}$ 划分运输区间,放入集合 $\Psi$ 中;③去除运输区间集合 $\Psi=\{\psi_1,\cdots,\psi_N\}$ ( $N=\sum\limits_{i=1}^{3}\sum\limits_{j=1}^{J_i}i\cdot j\cdot(\vartheta_{i,j}-1)$ )中已经编制路径的运输区间;④依据路径编制次序约束,对集合 $\Psi=\{\psi_1,\cdots,\psi_N\}$ 中的元素 $\psi_i$ 按照时间先后进行排序;⑤对未选配路径的运输区间集合 $\Psi=\{\psi_1,\cdots,\psi_N\}$ 从钢包路径集合 $\Omega$ 选配钢包路径。按照路径起吊放下次数、路径长度、运输时间、弹性时间和钢包温降的优先级选取路径,如图 5.11 所示,优先级描述如下。

优先级 1:优先选择起吊放下次数少的路径,
$$\text{IF } k_7 = \text{argmax}\{D_{k_7}^{i,j}, D_{k_7'}^{i,j}\} \text{ THEN } l_{i,j,\theta}(k_7) = 1 \tag{5.97}$$
其中, $l_{i,j,\theta}(k_7)$ 代表 $0-1$ 变量,炉次 $L_{i,j}$ 的第 $Q$ 个操作到 $Q+1$ 个操作是否选择路径 $K_7$ 。

优先级 2:优先选择长度短的路径,
$$\text{IF } k_7 = \text{argmax}\{l(k_7), l(k_7')\} \text{ THEN } l_{i,j,\theta}(k_7) = 1 \tag{5.98}$$

优先级 3:优先选择运输时间短的路径,
$$\text{IF } k_7 = \text{argmax}\{TR_{i,j}(k_{g(\theta)}, k_{g(\theta+1)}), TR'_{i,j}(k_{g(\theta)}, k_{g(\theta+1)})\} \text{ THEN } l_{i,j,\theta}(k_7) = 1 \tag{5.99}$$

优先级 4:优先选择运输的弹性时间大的路径,
$$\text{IF } k_7 = \text{argmax}\{RET^{\theta}_{i,j}(k_7), RET^{\theta}_{i,j}(k_7')\} \text{ THEN } l_{i,j,\theta}(k_7) = 1 \tag{5.100}$$

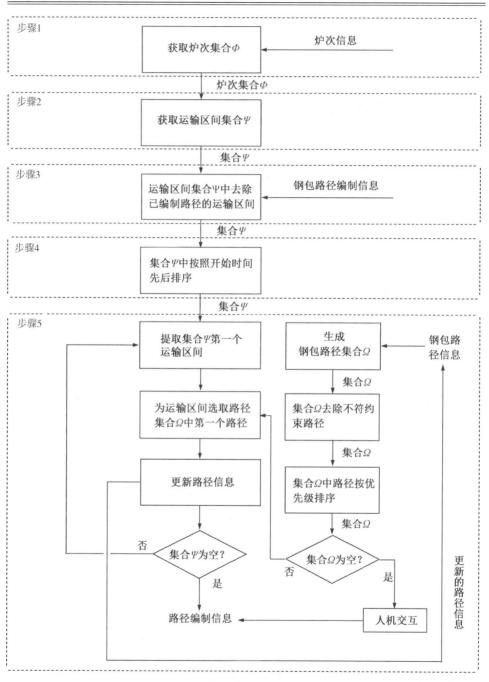

**图 5.11  按优先级选配钢包路径的编制流程**

优先级 5:优先选择钢包温降小的路径,

$$\text{IF } k_7 = \text{argmax} \left\{ Td_{k_7}^{i,j}, Td_{k_7}^{i,j} \right\} \text{ THEN } l_{i,j,\theta}(k_7) = 1 \qquad (5.101)$$

Algorithm 5.3:钢包路径编制算法。

步骤 1:初始化炉次集合 $\Phi$ 为空。通过炉次调度计划获取当前生产的所有炉次 $L_{i,j}(i = 1,2,3;j = 1,2,\cdots,N_i)$ 放入集合 $\Phi$ 中。

步骤 2:初始化运输区间集合 $\Psi$ 为空,对集合 $\Phi$ 中的炉次 $L_{i,j}(i = 1,2,3;j = 1,2,\cdots,N_i)$ 按照炉次 $L_{i,j}$ 从转炉到连铸工序的操作总数 $\vartheta_{i,j}$ 划分运输区间,放入集合 $\Psi$ 中。

步骤 3:去除运输区间集合 $\Psi = \{\psi_1,\cdots,\psi_N\}$ $\left(N = \sum_{i=1}^{3} \sum_{j=1}^{J_i} i \cdot j \cdot (\vartheta_{i,j} - 1)\right)$ 中已经编制路径的运输区间。

步骤 4:依据路径编制次序约束,使用快速排序法对集合 $\Psi = \{\psi_1,\cdots,\psi_N\}$ 中的元素 $\psi_i$ 按照时间先后进行排序。

步骤 5:对未选配路径的运输区间集合 $\Psi = \{\psi_1,\cdots,\psi_N\}$ 从钢包路径集合 $\Omega$ 选配钢包路径。在钢包路径集合 $\Omega$ 中去除不符合天车载重约束、路径长度约束、钢包温降约束的路径,然后按照路径起吊放下次数、路径长度、运输时间、弹性时间和钢包温降对钢包路径集合 $\Omega$ 排序,从中选取最优的路径。

步骤 6:算法结束。

钢包路径编制具体处理步骤如下。

步骤 1:初始化炉次集合 $\Phi$ 为空。通过炉次调度计划获取当前生产的所有炉次 $L_{i,j}(i = 1,2,3;j = 1,2,\cdots,N_i)$ 放入集合 $\Phi$ 中,

$$\Phi = \Phi + \{L_{i,j}\} \qquad (5.102)$$

步骤 2:初始化运输区间集合 $\Psi$ 为空,对集合 $\Phi$ 中的炉次 $L_{i,j}(i = 1,2,3;j = 1,2,\cdots,N_i)$ 按照炉次 $L_{i,j}$ 从转炉到连铸工序的操作总数 $\vartheta_{i,j}$ 划分运输区间,放入集合 $\Psi$ 中

$$\Psi = \Psi + \{(k_{g(\theta)}, k_{g(\theta+1)})\}, 1 \leq \theta \leq \vartheta_{ij} - 1 \qquad (5.103)$$

步骤 3:去除运输区间集合 $\Psi = \{\psi_1,\cdots,\psi_N\}$ $\left(N = \sum_{i=1}^{3} \sum_{j=1}^{J_i} i \cdot j \cdot (\vartheta_{ij} - 1)\right)$ 中已经编制路径的运输区间,即

$$\text{IF } l_{ij\theta}(k_7) = 1 \text{ THEN } \Psi = \Psi - \{(k_{g(\theta)}, k_{g(\theta+1)})\} \qquad (5.104)$$

步骤4:依据路径编制次序约束,使用快速排序法对集合 $\Psi = \{\psi_1, \cdots, \psi_N\}$ 中的元素 $\psi_i$ 按照时间先后进行排序。

步骤4.1:设中间变量 $m = 1, n = N$。

步骤4.2:设中间变量 $\psi_{\text{key}} = \psi_1$。

步骤4.3:从 $n$ 开始向前搜索,即从后开始 $n = n + 1$;找到第一个运输开始时间小于 $\psi_{\text{key}}$ 的炉次 $\psi_n$;将 $\psi_n$ 赋值给 $\psi_m$,即

$$\text{IF } y_{\psi_{\text{key}}}(k_\theta) > y_{\psi_n}(k_\theta^{'}) \text{THEN } \psi_m = \psi_n \tag{5.105}$$

步骤4.4:从 $m$ 开始向后搜索,即从后开始 $m = m + 1$;找到第一个运输开始时间大于 $\psi_{\text{key}}$ 的炉次 $\psi_m$,将 $\psi_m$ 赋值给 $\psi_n$,即

$$\text{IF } y_{\psi_{\text{key}}}(k_\theta) > y_{\psi_n}(k'_\theta) \text{THEN } \psi_n = \psi_m \tag{5.106}$$

步骤4.5:若 $m \neq n$,转步骤4.3;否则,转步骤5;

步骤5:对未选配路径的运输区间集合 $\Psi = \{\psi_1, \cdots, \psi_N\}$ 从钢包路径集合 $\Omega$ 中选配钢包路径。在钢包路径集合 $\Omega$ 中去除不符合天车载重约束、路径长度约束、钢包温降约束的路径,然后按照路径起吊放下次数、路径长度、运输时间、弹性时间和钢包温降对钢包路径集合 $\Omega$ 排序,从中选取最优的路径。

步骤5.1:设中间变量 $\theta = 1$。

步骤5.2:初始化 $\forall l_{i,j,\theta}(k_7) = 0$。

步骤5.3:设初始化钢包路径集合 $\Omega$。

步骤5.4:去除钢包路径集合 $\Omega$ 中不符合天车载重约束的路径,即

$$\text{IF } Lo_{i,j} > Lo(k_7) \text{THEN } \Omega = \Omega - \{k_7\} \tag{5.107}$$

其中,$Lo(k_g)$ 表示路径 $k_g$ 的天车最大载重负荷;$Lo_{i,j}$ 表示炉次 $L_{i,j}$ 满载钢水的重量。

步骤5.5:去除钢包路径集合 $\Omega$ 中不符合路径长度约束的路径,即

$$\text{IF } l(k_7)/v + 2d > TR_{i,j}(k_{g(\theta)}, k_{g(\theta+1)}) \text{THEN } \Omega = \Omega - \{k_7\} \tag{5.108}$$

其中,$l(k_7)$ 表示路径 $k_g$ 的长度;$v$ 为常量表示天车的运行速度;$d$ 为天车起吊或放下所花费的时间;$TR_{i,j}(k_{g(\theta)}, k_{g(\theta+1)})$ 为炉次 $L_{i,j}$ 从第 $\theta$ 个操作到 $\theta + 1$ 个操作设备之间的运输最大可用时间。

步骤5.6:去除钢包路径集合 $\Omega$ 中不符合钢包温降约束的路径,即

$$T_{\min}^{i,j} \leqslant T_{i,j}(k) \leqslant T_{\max}^{i,j} \tag{5.109}$$

其中,$T_{\max}^{i,j}$ 是炉次 $L_{i,j}$ 生产允许的钢包使用的最高温度;$T_{i,j}(k)$ 是第 $i$ 个浇次的第 $j$

个炉次选配的钢包实际温度;$T_{\min}^{i,j}$ 是炉次 $L_{i,j}$ 生产允许的钢包使用的最低温度。

通过控制炉次运输时的温度下降来保证钢包温度在工艺约束的范围之内,即炉次 $L_{i,j}$ 在运输时钢包温度下降值 $Td_{k_7}^{i,j} = t_{\text{down}}^k \cdot (l(k_7)/v + 2d)$ 在限定范围之内。

$$\text{IF } T_{\min}^{i,j} > (T_{i,j}(k) - Td_{k_7}^{i,j}) \text{ or } T_{\max}^{i,j} < (T_{i,j}(k) - Td_{k_7}^{i,j}) \text{ THEN } \Omega = \Omega - \{k_7\}$$

$$(5.110)$$

其中,$T_{\min}^{i,j}$ 是工艺对炉次 $L_{i,j}$ 钢包温度要求的下限;$Td_{k_7}^{i,j}$ 是炉次 $L_{i,j}$ 在运输时钢包的温度下降值;$T_{\max}^{i,j}$ 是工艺对炉次 $L_{i,j}$ 钢包温度要求的上限;$T_{i,j}(k)$ 是炉次 $L_{i,j}$ 的钢包 $k$ 运输开始时的温度;$t_{\text{down}}^k$ 是钢水运输时单位时间内温度下降值;$l(k_7)$ 表示路径 $k_7$ 的长度;$v$ 为天车的运行速度;$d$ 为钢水运输时天车起吊或放下所花费的时间。

步骤 5.7:按照路径起吊放下次数、路径长度、运输时间、弹性时间和钢包温降对钢包路径集合 $\Omega$ 排序。

因为炉次 $L_{i,j}$ 的钢包运输时,每一次转向都要起吊放下各一次,每一次钢包起吊放下都要花费 $d$ 时间,为了提高生产效率,需要炉次 $L_{i,j}$ 选择路径 $k_7$ 起吊与放下的总次数 $D_{k_7}^{i,j}$ 尽可能小

$$2 \leqslant D_{k_7}^{i,j} \leqslant (ST_{i,j(\theta+1)} - ET_{i,j,\theta})/d \qquad (5.111)$$

其中,$D_{k_7}^{i,j}$ 为起吊放下次数,$D_{k_7}^{i,j} \in N_+$;$ST_{i,j(\theta+1)}$ 为第 $\theta + 1$ 个操作开始时间;$ET_{i,j,\theta}$ 为第 $\theta$ 个操作结束时间。

炉次 $L_{i,j}$ 从第 $\theta$ 个操作到 $\theta + 1$ 个操作设备之间的运输选择路径 $k_7$ 的长度不能超过炉次允许的最大运行长度,即 $v \cdot (ST_{i,j(\theta+1)} - ET_{i,j,\theta} - D_{k_7}^{i,j} \cdot d)$,并尽可能小

$$0 < l(k_7) < v \cdot (ST_{i,j(\theta+1)} - ET_{i,j,\theta} - D_{k_7}^{i,j} \cdot d) \qquad (5.112)$$

其中,$l(k_7)$ 为路径 $k_7$ 长度;$v$ 为速度,$ST_{i,j(\theta+1)}$ 为第 $\theta + 1$ 个操作开始时间;$ET_{i,j,\theta}$ 为第 $\theta$ 个操作结束时间;$D_{k_7}^{i,j}$ 为起吊放下次数;$d$ 为每次起吊放下时间。

生产中,运输资源非常紧缺,所以,在炉次 $L_{i,j}$ 的钢包路径编制要尽早释放占用的运输资源,炉次 $L_{i,j}$ 从第 $\theta$ 个操作到 $\theta + 1$ 个操作设备之间运输时间定义如下。

$$TR_{i,j}(k_{g(\theta)}, k_{g(\theta+1)}) = y_{i,j}(k_{g(\theta)}, k_{g(\theta+1)}) - x_{i,j}(k_{g(\theta)}, k_{g(\theta+1)}) \qquad (5.113)$$

要求炉次 $L_{i,j}$ 的运输时间尽可能小,即运输结束时间 $y_{i,j}(k_{g(\theta)}, k_{g(\theta+1)})$ 和运输开始时间 $x_{i,j}(k_{g(\theta)}, k_{g(\theta+1)})$ 的差值最小,其中

$$ET_{i,j,\theta} \leqslant x_{i,j}(k_{g(\theta)}, k_{g(\theta+1)}) \leqslant ST_{i,j(\theta+1)}, 1 \leqslant \theta \leqslant \vartheta_{i,j} - 1 \qquad (5.114)$$

$$ET_{i,j,\theta} \leqslant y_{i,j}(k_{g(\theta)}, k_{g(\theta+1)}) \leqslant ST_{i,j(\theta+1)}, 1 \leqslant \theta \leqslant \vartheta_{i,j} - 1 \qquad (5.115)$$

$$x_{i,j}(k_{g(\theta)}, k_{g(\theta+1)}) \leq y_{i,j}(k_{g(\theta)}, k_{g(\theta+1)}), 1 \leq \theta \leq \vartheta_{i,j} - 1 \quad (5.116)$$

则对于任意一个炉次 $L_{i,j}$ 选择路径 $k_7$ 后在相邻两个操作 $\theta(\theta = 1,2,\cdots,\vartheta_{i,j}-1)$ 到 $\theta+1$ 设备的弹性时间定义如下。

$$RET_{i,j}^{\theta}(k_7) = x_{i,j,\theta+1}^{g}(k_{g(\theta+1)}) - x_{i,j,\theta}^{g}(k_{g(\theta)}) - t_{i,j}(k_{g(\theta)}) - TR_{i,j}(k_{g(\theta)}, k_{g(\theta+1)}) - D_{k_g}^{i,j} \cdot d$$
$$(5.117)$$

为了防止意外情况发生，运输的弹性时间需要尽可能大

$$0 \leq RET_{i,j}^{\theta}(k_7) < ST_{i,j(\theta+1)} - ET_{i,j,\theta} \quad (5.118)$$

其中，$RET_{i,j}^{\theta}(k_7)$ 为路径 $k_7$ 在相邻两个操作 $\theta(\theta = 1,2,\cdots,\vartheta_{i,j}-1)$ 到 $\theta+1$ 设备的弹性时间；$ST_{i,j(\theta+1)}$ 为第 $\theta+1$ 个操作开始时间；$ET_{i,j,\theta}$ 为第 $\theta$ 个操作结束时间。

炉次 $L_{i,j}$ 的钢包在运输时会损失温度，为了节能降耗，需要炉次 $L_{i,j}$ 在运输时钢包的温度下降值 $Td_{k_7}^{i,j} = t_{\text{down}}^{k} \cdot (l(k_7)/v + 2d)$ 尽可能的小

$$0 \leq Td_{k_7}^{i,j} \leq T_{\max}^{i,j} - T_{\min}^{i,j} \quad (5.119)$$

其中，$Td_{k_7}^{i,j}$ 为炉次 $L_{i,j}$ 在运输时钢包的温度下降值；$T_{\max}^{i,j}$ 为炉次 $L_{i,j}$ 生产允许的钢包使用的最高温度；$T_{\min}^{i,j}$ 为炉次 $L_{i,j}$ 生产允许的钢包使用的最低温度。

步骤 5.8：当 $\theta = \theta + 1$ 时，更新状态；当 $\theta > N$ 时，转步骤 6；否则，转步骤 5.2；

步骤 6：结束。

采用工业实例对脱碳钢包选配进行说明，初始数据描述如下。炉次调度计划中包含 3 个浇次，每个浇次中包括 4 个炉次，即 $J_1 = J_2 = J_3 = 4$。3 个浇次的炉次加工顺序集合分别为 $I1^* = \{L_{1,1}, L_{1,2}, L_{1,3}, L_{1,4}\}$；$I2^* = \{L_{2,1}, L_{2,2}, L_{2,3}, L_{2,4}\}$；$I3^* = \{L_{3,1}, L_{3,2}, L_{3,3}, L_{3,4}\}$。其中，炉次 $L_{1,1}$、$L_{1,2}$、$L_{2,1}$、$L_{2,2}$、$L_{2,3}$、$L_{3,1}$ 已经进行钢包路径编制。

步骤 1：初始化炉次集合 $\Phi$ 为空。通过炉次调度计划获取当前生产的所有炉次 $L_{i,j}(i = 1,2,3; j = 1,2,\cdots,N_i)$ 放入集合 $\Phi$ 中，集合 $\Phi$ 见表 5.22 所示。

步骤 2：初始化运输区间集合 $\Psi$ 为空，对集合 $\Phi$ 中的炉次 $L_{i,j}(i = 1,2,3; j = 1,2,\cdots, N_i)$ 按照炉次 $L_{i,j}$ 从转炉到连铸工序的操作总数 $\vartheta_{i,j}$ 划分运输区间，放入集合 $\Psi$ 中。

步骤 3：去除运输区间集合 $\Psi = \{\psi_1, \cdots, \psi_N\}$ $(N = \sum_{i=1}^{3} \sum_{j=1}^{J_i} i \cdot j \cdot (\vartheta_{i,j} - 1))$ 中已经编制路径的运输区间集合 $\Psi$ 见表 5.23 所示。

步骤 4：依据路径编制次序约束，使用快速排序法对集合 $\Psi = \{\psi_1, \cdots, \psi_N\}$ 中的元素 $\psi_i$ 按照时间先后进行排序；排序结果见表 5.24 所示。

步骤 5:对未选配路径的运输区间集合 $\Psi = \{\psi_1,\cdots,\psi_N\}$ 从钢包路径集合 $\Omega$ 中选配钢包路径。在钢包路径集合 $\Omega$ 中去除不符合天车载重约束、路径长度约束、钢包温降约束的路径,然后按照路径起吊放下次数、路径长度、运输时间、弹性时间和钢包温降对钢包路径集合 $\Omega$ 排序,从中选取最优的路径。

表 5.22 炉次计划

| 炉次 | 脱磷转炉 | | | 脱碳转炉 | | | 连铸 | | |
|------|---------|------|------|---------|------|------|------|------|------|
| | 开始时间 $x_{i,j,\theta}(k_1)$ | 结束 $y_{i,j,\theta}(k_1)$ | 设备 $k_1$ | 开始时间 $x_{i,j,\theta}(k_1)$ | 结束时间 $y_{i,j,\theta}(k_1)$ | 设备 $k_1$ | 开始时间 $x_{i,j,\theta}(k_6)$ | 结束时间 $y_{i,j,\theta}(k_6)$ | 设备 $k_6$ |
| $L_{1,1}$ | | | | 03:33 | 03:54 | 2LD | 04:52 | 05:46 | 1CC |
| $L_{1,2}$ | | | | 04:18 | 04:39 | 3LD | 05:39 | 06:34 | 1CC |
| $L_{1,3}$ | | | | 05:08 | 05:29 | 1LD | 06:27 | 07:13 | 1CC |
| $L_{1,4}$ | | | | 05:47 | 06:08 | 2LD | 07:06 | 08:07 | 1CC |
| $L_{2,1}$ | | | | 03:55 | 04:16 | 1LD | 05:07 | 06:12 | 2CC |
| $L_{2,2}$ | | | | 04:53 | 05:14 | 3LD | 06:05 | 07:01 | 2CC |
| $L_{2,3}$ | | | | 05:42 | 06:03 | 3LD | 06:54 | 07:51 | 2CC |
| $L_{2,4}$ | | | | 06:23 | 06:44 | 3LD | 07:44 | 08:33 | 2CC |
| $L_{3,1}$ | 22:33 | 22:57 | 3LD | 01:45 | 02:16 | 2LD | 04:05 | 04:54 | 3CC |
| $L_{3,2}$ | 02:20 | 02:44 | 2LD | 03:32 | 04:03 | 3LD | 04:47 | 05:38 | 3CC |
| $L_{3,3}$ | | | | 03:13 | 03:34 | 1LD | 05:31 | 06:31 | 3CC |
| $L_{3,4}$ | | | | 05:05 | 05:26 | 2LD | 06:24 | 07:14 | 3CC |

表 5.23 运输区间计划

| 序号 | 区间开始时间 | 区间结束时间 | 开始设备 | 结束设备 | 钢种 | 钢包号 |
|------|-----------|-----------|---------|---------|------|-------|
| 1 | 05:29 | 05:44 | 1LD | 1RH | GV5921E1 | 07 |
| 2 | 06:20 | 06:27 | 1RH | 1CC | GV5921E1 | 07 |
| 3 | 06:08 | 06:23 | 2LD | 1RH | GV5921E1 | 25 |
| 4 | 06:59 | 07:06 | 1RH | 1CC | GV5921E1 | 25 |
| 5 | 06:44 | 07:00 | 3LD | 2RH | DQ0198D1 | 06 |
| 6 | 07:36 | 07:44 | 2RH | 2CC | DQ0198D1 | 06 |
| 7 | 02:44 | 03:32 | 2LD | 3LD | AP1056E1 | 84 |
| 8 | 04:03 | 04:12 | 3LD | 2CAS | AP1056E1 | 07 |
| 9 | 04:42 | 04:47 | 2CAS | 3CC | AP1056E1 | 07 |
| 10 | 03:34 | 03:49 | 1LD | LF | AP1056E1 | 29 |
| 11 | 04:39 | 05:31 | LF | 3CC | AP1056E1 | 29 |
| 12 | 05:26 | 05:42 | 2LD | 1CAS | AP1056E1 | 21 |
| 13 | 06:12 | 06:24 | 1CAS | 3CC | AP1056E1 | 21 |

表 5.24　运输区间计划

| 序号 | 区间开始时间 | 区间结束时间 | 开始设备 | 结束设备 | 钢种 |
|---|---|---|---|---|---|
| 7 | 02:44 | 03:32 | 2LD | 3LD | AP1056E1 |
| 10 | 03:34 | 03:49 | 1LD | LF | AP1056E1 |
| 8 | 04:03 | 04:12 | 3LD | 2CAS | AP1056E1 |
| 11 | 04:39 | 05:31 | LF | 3CC | AP1056E1 |
| 9 | 04:42 | 04:47 | 2CAS | 3CC | AP1056E1 |
| 12 | 05:26 | 05:42 | 2LD | 1CAS | AP1056E1 |
| 1 | 05:29 | 05:44 | 1LD | 1RH | GV5921E1 |
| 3 | 06:08 | 06:23 | 2LD | 1RH | GV5921E1 |
| 13 | 06:12 | 06:24 | 1CAS | 3CC | AP1056E1 |
| 2 | 06:20 | 06:27 | 1RH | 1CC | GV5921E1 |
| 5 | 06:44 | 07:00 | 3LD | 2RH | DQ0198D1 |
| 4 | 06:59 | 07:06 | 1RH | 1CC | GV5921E1 |
| 6 | 07:36 | 07:44 | 2RH | 2CC | DQ0198D1 |

炉次 $L_{i,j}$ 选择路径 $k_7$ 的天车最大载重负荷要大于炉次 $L_{i,j}$ 满载钢水的质量,即

$$\text{IF } Lo_{i,j} > Lo(k_7) \text{ THEN } \Omega = \Omega - \{k_7\} \tag{5.120}$$

其中,$Lo(k_g)$ 表示路径 $k_g$ 的天车最大载重负荷;$Lo_{i,j}$ 表示炉次 $L_{i,j}$ 满载钢水的质量。

炉次 $L_{i,j}$ 选择的运输路径也要满足天车运行速度和距离的约束,不能超过主设备调度计划规定的时间要求,即

$$\text{IF } l(k_7)/v + 2d > TR_{i,j}(k_{g(\theta)}, k_{g(\theta+1)}) \text{ THEN } \Omega = \Omega - \{k_7\} \tag{5.121}$$

其中,$l(k_7)$ 表示路径 $k_g$ 的长度;$v$ 为常量表示天车的运行速度;$d$ 为天车起吊或放下所花费的时间;$TR_{i,j}(k_{g(\theta)}, k_{g(\theta+1)})$ 为炉次 $L_{i,j}$ 从第 $\theta$ 个操作到 $\theta+1$ 个操作设备之间的运输最大可用时间。

钢包路径编制通过控制炉次运输时的温度下降来保证钢包温度在工艺约束的范围 $T_{min}^{i,j} \leqslant T_{i,j}(k) \leqslant T_{max}^{i,j}$ 之内,即炉次 $L_{i,j}$ 在运输时钢包温度下降值 $Td_{k_7}^{i,j} = t_{down}^k \cdot (l(k_7)/v + 2d)$ 在限定范围之内。

$$\text{IF } T_{min}^{i,j} > (T_{i,j}(k) - Td_{k_7}^{i,j}) \text{ or } T_{max}^{i,j} < (T_{i,j}(k) - Td_{k_7}^{ij}) \text{ THEN } \Omega = \Omega - \{k_7\}$$

$$\tag{5.122}$$

其中,$T_{min}^{i,j}$ 表示工艺对炉次 $L_{i,j}$ 钢包温度要求的下限;$T_{max}^{i,j}$ 表示工艺对炉次 $L_{i,j}$ 钢包温度要求的上限;$Td_{k_7}^{i,j}$ 表示炉次 $L_{i,j}$ 在运输时钢包的温度下降值;$T_{i,j}(k)$ 表示炉次 $L_{i,j}$

的钢包 $k$ 运输开始时的温度;$t_{down}^k$ 为钢水运输时单位时间内温度下降值;$l(k_7)$ 为路径 $k_7$ 的长度;$v$ 为天车的运行速度;$d$ 为钢水运输时天车起吊或放下所花费的时间。然后按照优先级选择钢包路径,编制结果见表 5.25。

表 5.25 运输区间计划表

| 序号 | 区间开始时间 | 区间结束时间 | 开始设备 | 结束设备 | 钢种 | 钢包路径 |
|---|---|---|---|---|---|---|
| 7 | 02:44 | 03:32 | 2LD | 3LD | AP1056E1 | 2LD – 3LD |
| 10 | 03:34 | 03:49 | 1LD | LF | AP1056E1 | 1LD – LF |
| 8 | 04:03 | 04:12 | 3LD | 2CAS | AP1056E1 | 3LD – 2CAS |
| 11 | 04:39 | 05:31 | LF | 3CC | AP1056E1 | LF – 3CC |
| 9 | 04:42 | 04:47 | 2CAS | 3CC | AP1056E1 | 2CAS – 3CC |
| 12 | 05:26 | 05:42 | 2LD | 1CAS | AP1056E1 | 2LD – 1CAS |
| 1 | 05:29 | 05:44 | 1LD | 1RH | GV5921E1 | 1LD – 1RH |
| 3 | 06:08 | 06:23 | 2LD | 1RH | GV5921E1 | 2LD – 1RH |
| 13 | 06:12 | 06:24 | 1CAS | 3CC | AP1056E1 | 1CAS – 3CC |
| 2 | 06:20 | 06:27 | 1RH | 1CC | GV5921E1 | 1RH – 1CC |
| 5 | 06:44 | 07:00 | 3LD | 2RH | DQ0198D1 | 3LD – 2RH |
| 4 | 06:59 | 07:06 | 1RH | 1CC | GV5921E1 | 1RH – 1CC |
| 6 | 07:36 | 07:44 | 2RH | 2CC | DQ0198D1 | 2RH – 2CC |

通过分析可知,钢包路径编制方法,能够满足现场需求,减少无用运输时间,实现了节能降耗。使用本节提出的方法能方便地为炼钢厂钢包编制路径,现场应用效果良好;同时对计划人员编制与调整计划具有很好的参考指导价值,能够使管理人员和工作人员及时了解实际生产的执行情况。

## 5.3.3 冲突解消策略与甘特图编辑相结合的启发式人机交互天车调度算法

### 5.3.3.1 天车调度对生产效率影响程度分析

天车调度主要影响炉次计划的传隔时间,要保证炉次从转炉到精炼、精炼到精炼、精炼到连铸运输过程之间的冗余等待时间尽可能小。

炼钢生产过程,被加工的物流对象(炉次)在高温、高能耗中由液态(钢水)向固态(拉铸成坯)的转化,连铸对钢水的温度有着严格的要求,要求钢水按照规定的目标温度到达连铸工序,否则就延长生产时间或回炉升温。所以,严格控制炼钢—连铸生产过程中炉次不同设备之间冗余等待时间,将有助于减少因等待给钢水带来温降的情况,从而达到降低能耗,减少加热成本的目的。

天车调度要保证对于炉次 $L_{i,j}$ 的天车 $k_8$ 调度,也就是说炉次 $L_{i,j}$ 从第 $\theta$ 个操作到 $\theta+1$ 个操作设备之间运输时间 $TR_{i,j}(k_{g(\theta)},k_{g(\theta+1)})=(y_{i,j}(k_{g(\theta)},k_{g(\theta+1)})-x_{i,j}(k_{g(\theta)},k_{g(\theta+1)}))$ 尽可能小,即天车的运输结束时间 $y_{i,j}(k_{g(\theta)},k_{g(\theta+1)})$ 和运输开始时间 $x_{i,j}(k_{g(\theta)},k_{g(\theta+1)})$ 的差值最小。

$$\min \sum TR_{i,j}(k_{g(\theta)},k_{g(\theta+1)}) \qquad (5.123)$$

对于炉次 $L_{i,j}$ 的天车调度,天车调度运输时间必须满足主设备调度计划的要求,炉次 $L_{i,j}$ 从第 $\theta$ 个操作到 $\theta+1$ 个操作设备之间运输开始时间 $x_{i,j}(k_{g(\theta)},k_{g(\theta+1)})$ 和结束时间 $y_{i,j}(k_{g(\theta)},k_{g(\theta+1)})$ 必须在主设备生产的第 $\theta$ 个操作结束时间和 $\theta+1$ 个操作开始时间之间。

$$ET_{i,j,\theta} \leq x_{i,j}(k_{g(\theta)},k_{g(\theta+1)}) \leq ST_{i,j(\theta+1)},1 \leq \theta \leq \vartheta_{i,j}-1 \qquad (5.124)$$

$$ET_{i,j,\theta} \leq y_{i,j}(k_{g(\theta)},k_{g(\theta+1)}) \leq ST_{i,j(\theta+1)},1 \leq \theta \leq \vartheta_{i,j}-1 \qquad (5.125)$$

### 5.3.3.2 冲突解消策略与甘特图编辑相结合的启发式人机交互天车调度算法

利用前向递推的启发式方法解决天车的调度问题,在应用天车调度之前,每一条计划的工序加工开始时间、加工时间和加工设备已经确定,天车调度的目的就是要解决天车的运行冲突问题,同时根据已制订的炼钢—连铸生产计划制订相应的天车运行计划。通过对炼钢—连铸生产工艺流程的分析,将天车的调度问题抽象为以下的简单过程加以描述:炼钢—连铸生产工艺流程主要包括炼钢、精炼和连铸三个工艺流程。依次对应炼钢—连铸的三个工序设备:转炉、精炼炉和连铸机。每一个生产计划都要依次经过这三个工序中的一台设备,钢水从第一工序设备转炉出来由台车运到天车跨,再由天车运到下一工序精炼炉进行精炼,最后从精炼工序加工完毕后再由天车运到连铸工序对应的设备。天车调度的任务就是保证原主体设备的调度能够顺利的执行,同时保证多个天车在同一天车轨道运行时,不发生运行冲突。天车调度算法见第4.3节。

基于甘特图编辑的启发式人机交互调整炉次计划算法见第3.2节,是通过现有炉次计划无法获得满意的天车调度计划时,采用基于甘特图编辑的启发式人机交互算法对炉次计划进行调整,以获得合适的天车调度计划,主要包括如下两个方面。

（1）基于甘特图编辑的启发式人机交互调整炉次处理时间是指调整炉次在设备上的处理时间，即将炉次的某个操作的处理时间进行延长或缩短处理，以满足天车调度要求。

（2）基于甘特图编辑和启发式的炉次加工设备人机交互调整是指调整炉次在非连铸工序的加工设备，即将炉次的某个操作更换到其他设备上进行加工，以满足天车调度要求。

综上所述，天车调度算法设计目的是实现天车调度计划的静态编制功能。天车调度的编制主要是依据静态炉次计划的生产信息，考虑实际的天车条件，结合数学方法，为选定的炉次计划制订相应的天车调度运行计划，同时在天车调度编制的过程中，对于不合理的主体设备计划，进行相应的调整，保证主辅设备的协调调度。天车调度主要是根据炉次计划和天车的设备信息利用天车调度模型算法进行天车调度的编制，天车调度流程如图 5.12 所示。

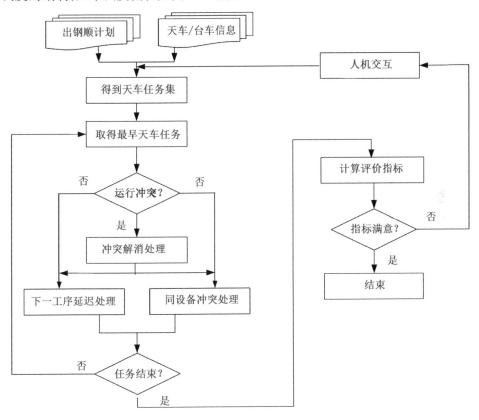

**图 5.12　天车调度流程图**

# 5.4　工业应用

炼钢—连铸生产调度过程所涉及的因素多,有炉次和浇次计划因素,主设备因素(转炉、精炼炉和连铸机)、钢包天车因素(钢包和天车)、时间因素(设备加工时间和运输时间)和工艺约束等。由于炼钢—连铸生产过程既具有离散制造业的特点又有连续型行业的特征。因此,炼钢—连铸生产调度的性能指标既有与连续行业相类似的性能指标(如浇次准时开浇、浇次内的炉次连续浇铸),又有与离散行业相同的性能指标(炉次在设备之间运输时间最小),因此,炼钢—连铸钢包天车调度问题是一个多目标的问题。为了保证现场钢包能够有效地进行调度,现场通常采取依据专家经验的人工启发式方法进行钢包调度。

但是,由于多重精炼方式、多台转炉、精炼炉和连铸机构成的生产工艺路径复杂,制订调度计划的人员不仅要考虑浇次准时开浇、浇次中的炉次连铸浇铸、炉次不能在连铸前等待过长,而且在转炉、精炼炉次不能产生炉次冲突。同时考虑这些因素制订一个合理的调度方案几乎是不可能的。所以,现场方法只给出了工序炼钢和连铸工序两个关键作业信息,致使炉次在中间执行结果难以掌控,也难以判断问题出在哪,只有等炉次执行完后才能发现问题,再进行调整,这样容易出现物流堵塞和钢水的温降现象,严重时还会出现钢水冻结、连铸断浇等现象。

由于现场方法可能导致温度高的钢包没有被及时选用,放到临时存放位使其温度下降,浪费了能源,从而导致温度低的钢包可能被选上。由于钢包需要达到一定的温度要求时才能到转炉接受钢水,当选配的钢包不满足炉次出钢温度要求时,需要在烘烤设备进行加热或通过延长冶炼时间,精炼时间来补充钢水的温度损失,从而会影响到调度计划的正常进行。

在建立的炼钢—精炼—连铸钢包调度问题数学模型基础上,对提出的由基于规则推理的钢包选配、基于多优先级的启发式钢包路径编制和基于冲突解消策略的启发式天车调度组成的钢包调度算法和现场应用的方法进行实验比较。选择24条现场的炉次计划数据为基础,采用本文提出的方法进行测试和对比,炉次计划见表5.26。

表 5.26　炉次计划

| 序号 | 制作命令号 | 钢号 | 出钢记号 | 精炼路径 | 精炼处理号 | 连铸处理号 | 浇铸号 |
|---|---|---|---|---|---|---|---|
| 1 | 112489 | 316651 | DT3482D1 | R | 172013 | 206057 | 30247 |
| 2 | 112489 | 216651 | DT3482D1 | R | 288300 | 206057 | 30247 |
| 3 | 112637 | 216653 | DQ3440E1 | C | 400151 | 206072 | 20356 |
| 4 | 112637 | 316653 | DQ3440E1 | C | 400151 | 206072 | 20356 |
| 5 | 112638 | 316657 | DQ3440E1 | C | 542417 | 206073 | 20356 |
| 6 | 112638 | 316656 | DQ3440E1 | C | 400152 | 206073 | 20356 |
| 7 | 112639 | 116661 | DQ3440E1 | C | 400153 | 206074 | 20356 |
| 8 | 112639 | 316659 | DQ3440E1 | C | 400153 | 206074 | 20356 |
| 9 | 112640 | 116664 | DQ3440E1 | C | 400154 | 206075 | 20356 |
| 10 | 112640 | 316662 | DQ3440E1 | C | 400154 | 206075 | 20356 |
| 11 | 112684 | 116655 | AP1056E1 | C | 542416 | 105794 | 10470 |
| 12 | 112684 | 216654 | AP1056E1 | C | 542416 | 105794 | 10470 |
| 13 | 112685 | 216656 | AP1056E1 | C | 400152 | 105795 | 10470 |
| 14 | 112685 | 216657 | AP1056E1 | C | 542417 | 105795 | 10470 |
| 15 | 112686 | 316659 | AP1056E1 | C | 542418 | 105796 | 10470 |
| 16 | 112686 | 216660 | AP1056E1 | C | 542418 | 105796 | 10470 |
| 17 | 112687 | 316662 | AP1056E1 | C | 542419 | 105797 | 10470 |
| 18 | 112687 | 216663 | AP1056E1 | C | 542419 | 105797 | 10470 |
| 19 | 112689 | 216666 | AP1056E1 | C | 542420 | 105798 | 10470 |
| 20 | 112689 | 316666 | AP1056E1 | C | 542420 | 105798 | 10470 |
| 21 | 112695 | 216669 | AP1056E1 | C | 542421 | 105799 | 10470 |
| 22 | 112695 | 316670 | AP1056E1 | C | 542421 | 105799 | 10470 |
| 23 | 112742 | 116667 | AP1055E5 | C | 400155 | 206076 | 20356 |
| 24 | 112742 | 316665 | AP1055E5 | C | 400155 | 206076 | 20356 |

　　计划完成时间如图 5.13 所示。从图 5.13 可以看出本书提出的钢包调度算法可以有效降低炉次计划完成时间,提升生产效率。达到了准时开浇并保证了各浇次内的炉次连续浇铸目标,平均完成时间比现场应用时间少 7 min,且钢包选配结果更优,达到了现场充分使用温度高的钢包,优化钢包运输效率的要求。在此基础上,再取 36、48、60 条炉次计划进行测试,统计炉次生产的平均完成时间如图 5.14 所示,可以看出本书提出的方法更好的解决现场钢包调度的瓶颈问题,提升了炼钢—连铸—精炼的生产效率。通过实验对比能够得知与现场应用方法相比,本书所提的方法能够解决现场实际生产过程中钢包调度效率不高的问题。

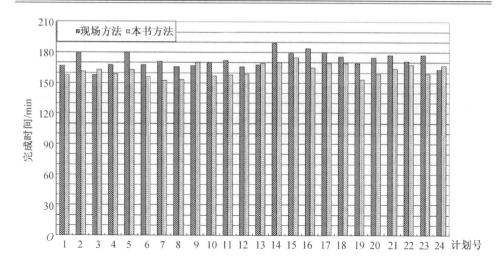

图 5.13　计划完成时间比较

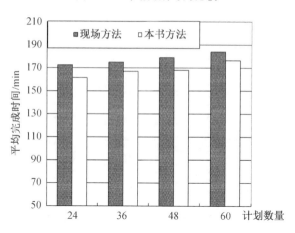

图 5.14　计划平均完成时间比较

# 5.5　本章小结

　　本章对炼钢—连铸钢包生产调度计划编制方法进行了研究。针对现行人工制订的钢包调度效率低，人工选配钢包造成资源浪费并且容易导致炼钢—精炼—连铸生产过程中冗余时间过长问题，依据主设备调度计划中每个炉次对钢包材质、包龄、温度、水口等约束条件的要求，采用一般最小泛化方法，总结出脱磷钢包和脱碳钢包选配规则。采用基于规则推理的钢包选配方法为炉次尽量选配合理的钢包，从而实现节能降耗。

针对主设备生产计划不考虑炉次运输，易导致作为钢水载体的钢包调度在生产中不能完全满足主设备生产要求的问题，建立了钢包路径编制性能指标、约束条件和决策变量的数学模型，结合炼钢厂的实际生产现状，采用基于启发式的钢包路径编制方法，决策出各炉次在转炉、精炼炉、连铸机等主设备间的钢包运输路径，由此确定出各炉次在各主设备间的钢包运输作业开始时间，为编制天车调度计划奠定了基础。

针对炼钢厂实际生产中容易出现天车不能及时到位，使得编制好的生产作业计划不能及时在相应的主设备上生产而影响主设备生产计划执行的问题，建立了炼钢—精炼—连铸天车调度性能指标、约束条件和决策变量的数学模型，研究了基于启发式算法与甘特图人机交互的炼钢—精炼—连铸天车调度方法，解决了不同天车间运行冲突问题，编制了天车运行调度计划。

# 参 考 文 献

［1］ SWANTON B. MES five years later：Prelude to phase III［R］. USA：AMR Report 13725,1995.

［2］ 柴天佑,金以惠,任德祥,等. 基于三层结构的流程工业现代集成制造系统［J］. 控制工程,2002,9(3):1-6.

［3］ 柴天佑,李小平,周晓杰,等. 基于三层结构的金矿企业现代集成制造系统［J］. 控制过程,2003,10(1):18-22,32.

［4］ 柴天佑,郑秉霖,胡毅,等. 制造执行系统的研究现状和发展趋势［J］. 控制工程,2005,12(6):4-9.

［5］ 柴天佑,丁进良,王宏,等. 复杂工业过程运行的混合智能优化控制方法［J］. 自动化学报,2008,34(5):505-515.

［6］ 柴天佑. 生产制造全流程优化控制对控制与优化理论方法的挑战［J］. 自动化学报,2009,35(6):641-649.

［7］ 柴天佑. 复杂工业过程运行优化与反馈控制［J］. 自动化学报,2013,39(11):1744-1757.

［8］ 柴天佑. 工业过程控制系统研究现状与发展方向［J］. 中国科学:信息科学,2016,46(8):1003-1015.

［9］ 殷瑞钰. 我国炼钢—连铸技术发展和 2010 年展望［J］. 炼钢,2008,24(6):1-12.

［10］ 殷瑞钰. 新世纪以来中国炼钢—连铸的进步及命题［J］. 中国冶金,2014,24(8):1-9.

［11］ KENNETH N M. Unifying the theory and practice of production scheduling［J］. Journal of Manufacturing Systems,1999,18(4):241-255.

［12］ JOHNSON S M. Optimal two and three-stage production schedules with setup times included[J]. Naval Research Logistics-Quarterly,1954,1(2):61-68.

[13] JACKSON J R. An extension of Johnson's results on job IDT scheduling[J]. Naval Research Logistics Quarterly,1956,3(3):201-203.

[14] SMITH W E. Various optimizers for single-state production[J]. Naval Research Logistics Quarterly,1956,3(1－2):59-66.

[15] LOMNICKI Z A. A "branch and bound" algorithm for the exact solution of the three machine scheduling problem [J]. Journal of the Operational Research Society,1965,16(1):89-100.

[16] PALMER D S. Sequencing jobs through a multi-stage process in the minimum total time—a quick method of obtaining a near optimum[J]. Journal of the Operational Research Quarterly,1965,16(1):101-107.

[17] GIFFLER B, THOMPSON G L. Algorithms for solving production scheduling problems[J]. Operations. Research,1960,8(4):487-503.

[18] FISHER H,THOMPSON G L. Probabilistic learning combination of local job-shop scheduling rules[J]. Industrial Scheduling,1963,225-251.

[19] CONWAY R W,MAXWELL W L,MILLER L W. Theory of scheduling[M]. New York:DOVER PUBLICATIONS,INC. ,1967.

[20] GAREY M R,JOHNSON D S,SETHI R. The complexity of flowshop and jobshop scheduling[J]. Mathematics of Operations Research,1976,1(2):117-129.

[21] PANWALKAR S S,ISKANDER W. A survey of scheduling rules[J]. Operations Research,1977,25(1):45-61.

[22] ADAMS J,BALAS E,ZAWACK D. The shifting bottleneck procedure for job shop scheduling[J]. Management Science,1988,34(3):391-401.

[23] ASSADI M T,BAGHERI M. Differential evolution and Population-based simulated annealing for truck scheduling problem in multiple door cross-docking systems [J]. Computers & Industrial Engineering,2016,96:149-161.

[24] DAMM R B,RESENDE M G C,RONCONI D P. A biased random key genetic algorithm for the field technician scheduling problem [J]. Computers and Operations Research,2016,75:49-63.

［25］Li Xinyu, Gao Liang. An effective hybrid genetic algorithm and tabu search for flexible job shop scheduling problem［J］. International Journal of Production Economics,2016,174:93-110.

［26］GOLMOHAMMADI D. A neural network decision making model for job shop scheduling［J］. International Journal of Production Research,2013,51(17):5142-5157.

［27］RATTANATAMRONG P, FORTES J A B. Dynamic scheduling of real-time mixture-of-experts systems on limited resources［J］. IEEE Transactions Computers,2014,63(7):1751-1764.

［28］BEN – YEHOSHUA Y, MOSHEIOV G. A single machine scheduling problem to minimize total early work［J］. Computers and Operations Research,2016,73:115-118.

［29］YIN Yunqiang, CHENG S R, CHENG T C E, et al. Just-in-time scheduling with two competing agents on unrelated parallel machines［J］. Omega, 2015, 63:41-47.

［30］BAI Danyu, ZHANG Zhihai, ZHANG Qiang. Flexible open shop scheduling problem to minimize makespan［J］. Computers and Operations Research,2016,67(1):207-215.

［31］KOULAMAS C, PANWALKAR S S. The proportionate two-machine no-wait job shop scheduling problem［J］. European Journal of Operational Research,2016,252(1):131-135.

［32］ESMAEILBEIGI R, CHARKHGARD P, CHARKHGARD H. Order acceptance and scheduling problems in two-machine flow shops:New mixed integer programming formulations［J］. European Journal of Operational Research, 2016, 251 (2):419-431.

［33］SHAHVARI O, LOGENDRAN R. Hybrid flow shop batching and scheduling with a bi-criteria objective［J］. International Journal of Production Economics, 2016, 179:239-258.

［34］AHMADIA E, ZANDIEH M, FARROKH M, et al. A multi objective optimization approach for flexible job shop scheduling problem under random machine breakdown by evolutionary algorithms[J]. Computers and Operations Research, 2016,73:56-66.

[35] AZADEH A,SHOJA B M,MOGHADDAM M,et al. A neural network meta-model for identification of optimal combination of priority dispatching rules and makespan in a deterministic job shop scheduling problem [J]. International Journal of Advanced Manufacturing Technology,2013,67(5 – 8):1549-1561.

[36] PARISIO A, JONES C N. A two-stage stochastic programming approach to employee scheduling in retail outlets with uncertain demand[J]. Omega,2015,53 (6):97-103.

[37] BADAWI A A,SHATNAWI A. Static scheduling of directed acyclic data flow graphs onto multiprocessors using particle swarm optimization[J]. Computers and Operations Research,2013,40(10):2322-2328.

[38] KUNDAKC N,KULAK O. Hybrid genetic algorithms for minimizing makespan in dynamic job shop scheduling problem[J]. Computers & Industrial Engineering, 2016,96(6):31-51.

[39] TANG Lixin,LIU Jiyin,RONG Aiying,et al. A review of planning and scheduling systems and methods for integrated steel Production [J]. European Journal of Operational Research,2001,133(1):1-20.

[40] 郑秉霖,胡琨元,常春光. 一体化钢铁生产计划系统的研究现状与展望[J]. 控制工程,2003,10(1):6-10.

[41] TANG Lixin,LIU Jiyin,RONG Aiying,et al. A mathematical programming model for scheduling steelmaking-continuous casting production[J]. European Journal of Operational Research,2000,120(2):423-435.

[42] DUTTA G,FOURER R. A survey of mathematical programming applications in integrated steel plants [J]. Manufacturing and Service Operations Management, 2001,3(4):387-400.

[43] HARJUNKOSKI I, GROSSMANN I E. A decomposition approach for the scheduling of a steel plant production[J]. Computers & Chemical Engineering,

2001,25(11 – 12):1647-1660.

[44] 轩华.运输能力有限混合流水车间调度的改进拉格朗日松弛算法[J].计算机集成制造系统,2013,19(7):1633-1639.

[45] TANG Lixin, Luh P B, Liu Jiyin, et al. Steel-making process scheduling using Lagrangian relaxation[J]. International Journal of Production Research,2002,40(1):55-70.

[46] TANG Lixin, LIU Guoli. A mathematical programming model and solution for scheduling production orders in Shanghai Baoshan Iron and Steel Complex[J]. European Journal of Operational Research,2006,182(3):1453-1468.

[47] 毛坤,潘全科,庞新富.求解炼钢—连铸生产调度问题的拉格朗日算法[J].系统工程学报,2014,29(2):233-245.

[48] SBIHI A,BELLABDAOUI A,TEGHEM J. Solving a mixed integer linear program with times setup for the steel-continuous casting planning and scheduling problem[J]. International Journal of Production Research,2014,52(24):7276-7296.

[49] SOUZA M D,GOMES A C,BRETAS A M C,et al. Models for scheduling charges in continuous casting: application to a Brazilian steel plant [J]. Optimization Letters,2016,10:667-683.

[50] KUMAR V,KUMAR S,TIWARI M K,et al. Auction-based approach to resolve the scheduling problem in the steel making process [J]. International Journal of Production Research,2006,44(8):1503-1522.

[51] MISSBAUER H, HAUBER W, STADLER W. A scheduling system for the steelmaking-continuous casting process. A case study from the steel-making industry [J]. International Journal of Production Research, 2009, 47 (15): 4147-4172.

[52] VOORHIS T V, PETERS F, JOHNSON D. Developing software for generating pouring schedules for steel foundries[J]. Computers and Industrial Engineering, 2001,39(3 – 4):219-234.

[53] TANIZAKI T,TAMURA T,SAKAI H,et al. A heuristic scheduling algorithm for steel-making process with crane handling[J]. Journal of the Operations Research

Society of Japan,2006,3(3):188-201.

[54] VANHOUCKE M,DEBELS D. A finite capacity production scheduling procedure for a Belgian steel company[J]. International Journal of Production Research, 2009,47(3):561-584.

[55] PAN C C,YANG G K. A method of solving a large-scale rolling batch scheduling problem in steel production using a variant of column generation[J]. Computers and Industrial Engineering,2009,56(1):165-178.

[56] TANG Lixin, WANG Xianpeng. A two-phase heuristic for the production scheduling of heavy plates in steel industry[J]. IEEE Transactions on Control Systems Technology,2010,18(1):104-117.

[57] YUAN Huawei, JING Yuanwei, HUANG Jinping, et al. Optimal research and numerical simulation for scheduling no-wait flow shop in steel production[J]. Journal of Applied Mathematics,2013,2013(4):1-5.

[58] 张琦琪,刘鹏,张涛.基于多 Agent 的板坯出/入库协同调度系统[J].计算机工程,2015,41(1):289-295.

[59] 郑忠,刘海玉,高小强,等.炼钢—连铸生产计划调度一体化的仿真优化模型[J].重庆大学学报,2010,33(3):108-113.

[60] 冯婷,张文新,涂雪平,等.基于 Witness 的炼钢—连铸动态调度仿真[J].计算机工程与设计,2012,33(1):381-386.

[61] 赵宁,杜彦华,董绍华,等.基于循环仿真的钢铁板坯库天车作业优化[J].系统工程理论与实践,2012,32(12):2825-2830.

[62] 朱道飞,王华,王建军,等.基于 Petri 网和 UML 的钢厂天车调度系统仿真[J].昆明理工大学学报(自然科学版),2013,38(3):5-11.

[63] 单多,徐安军,汪红兵,等.基于 EM-Plant 的加热炉群调度的仿真与优化[J].冶金自动化,2013,37(2):9-14.

[64] 郑忠,周超,陈开.基于免疫遗传算法的车间天车调度仿真模型[J].系统工程理论与实践,2013,33(1):223-229.

[65] 曾亮.中冶南方炼钢连铸物流仿真和优化调度系统软件平台[N].世界金属导报,2014-4-22(B16).

［66］郭豪,李传民,张琼,等. 基于 EM - Plant 的铁水运输调度系统建模与仿真 ［J］. 钢铁研究,2016,44(2):14-17.

［67］FOX M S,SMITH S F. ISIS:A knowledge-based system for factory scheduling［J］. Expert Systems,1984,1(1)25-49.

［68］SMITH S F, HYNYNEN J E. Integrated decentralization of production management:An approach for factory scheduling［C］. New York:ASME,1987: 427-439.

［69］TABATA Y,OGURA H,HAMADA H,et al. Total production control system of BF - MILL with expert system in NKK Keihin Works［C］. Seoul:Lecture Notes in Computer Science,1993:156-164.

［70］STOHL K,SNOPEK W. VAI - Schedex:A hybrid expert system for cooperative production scheduling in a steel plant［C］. Seoul:Lecture Notes in Computer Science,1993:207-217.

［71］ZARANDI M H F, GAMASAEE R. Type - 2 fuzzy hybrid expert system for prediction of tardiness in scheduling of steel continuous casting process［J］. Soft Computing,2012,16(8):1287-1302.

［72］李鲲. 炼钢—连铸智能调度系统的设计与应用［C］. 北京:《钢铁》编辑部 2008:496-498.

［73］王柏琳. 炼钢连铸动态调度专家系统设计与仿真［J］. 中国管理信息化,2009, 12(21):42-44.

［74］尹大威. 专家系统在炼钢动态调度中的研究［D］. 济南:山东大学,2011.

［75］YANG Shengxiang,WANG Dingwei. A new adaptive neural network and heuristics hybrid approach for job-shop scheduling［J］. Computers and Operations Research, 2001,28(10):955-971.

［76］王焱,刘景录,孙一康. 基于 IGA - BP 网络混合模型的冷连轧机组负荷分配 优化法［J］. 钢铁研究学报,2002,14(3):64-67.

［77］TANG Lixin,Liu Wenxin,Liu Jiyin. A neural network model and algorithm for the hybrid flow shop scheduling problem in a dynamic environment［J］. Journal of Intelligent Manufacturing,2005,16(3):361-370.

［78］WORAPRADYA K,THANAKIJKASEM P. Proactive scheduling for steelmaking-continuous casting plant with uncertain machine breakdown using distribution-based robustness and decomposed artificial neural network［J］. Asia Pacific Journal of Operational Research,2015,32(2):1-22.

［79］康广,李雄伟,赵湘,等.基于 SAA 的最小完工时间多工序并行调度研究［J］. 军械工程学院学报,2002,14(2):61-66.

［80］郭秀丽,叶贤东,郭秀萍.用小生境模拟退火算法求解热轧调度问题［J］.西华大学学报:自然科学版,2007,26(1):59-62 + 102.

［81］宁树实,王伟,潘学军.一种炼钢—连铸生产计划一体化编制方法［J］.控制理论与应用,2007,24(3):374-379.

［82］梁合兰,李苏剑,邓又好.两阶段法求解混装模式下的加热炉调度［J］.中国管理信息化,2009,12(15):42-44.

［83］COWLING P. A flexible decision support system for steel hot rolling mill scheduling［J］. Computer and Industrial Engineering,2003,45(3):307-321.

［84］TANG Lixin,WANG Xianpeng. A predictive reactive scheduling method for color-coating production in steel industry［J］. International Journal of Advanced Manufacturing Technology,2008,35(7-8):633-645.

［85］WANG Xianpeng,TANG Lixin. Integration of batching and scheduling for hot rolling production in the steel industry［J］. International Journal of Advanced Manufacturing Technology,2008,36(5):431-441.

［86］WANG Xianpeng,TANG Lixin. A tabu search heuristic for the hybrid flowshop scheduling with finite intermediate buffers［J］. Computers and Operations Research,2009,36(3):907-918.

［87］TANG Lixin,Gao Cong. A modelling and tabu search heuristic for a continuous galvanizing line scheduling problem［J］. ISIJ International, 2009, 49 (3): 375-384.

［88］唐立新,赵任.强化 Dynasearch & TS 算法求解酸轧生产调度问题［J］.自动化学报,2010,36(2):304-313.

［89］张旭君,吕志民.炼铸轧集成计划与调度组批模型及算法［J］.控制与决策,

2013,28(8):1257-1262.

[90] TANG Lixin,LIU Jiyin,RONG Aiying,et al. Modelling and a genetic algorithm solution for the slab stack shuffling problem when implementing steel rolling schedules[J]. International Journal of Production Research,2002,40(7):1583-1595.

[91] LIU Quanli,WANG Wei,ZHAN Hongren,et al. Optimal scheduling method for a bell-type batch annealing shop and its application[J]. Control Engineering Practice,2005,13(10):1315-1325.

[92] 许绍云,李铁克,王雷,等.考虑机器检修的圆钢热轧批量调度算法[J].计算机集成制造系统,2014,20(10):2502-2511.

[93] WORAPRADYA K,THANAKIJKASEM P. Optimising steel production schedules via a hierarchical genetic algorithm[J]. South African Journal of Industrial Engineering,2014,25(2):209-221.

[94] 徐兆俊,郑忠,高小强.炼钢连铸生产调度的优先级策略混合遗传算法[J].控制与决策,2016,31(8):1394-1400.

[95] COLORNI A,DORIGO M,MANIEZZO V. Distributed optimization by ant colonies [C]. Cambridge:MIT Press1992.

[96] 张涛,魏星,张玥杰,等.基于改进蚁群算法的钢铁企业合同计划方法[J].系统管理学报,2008,17(4):433-438.

[97] TANG Lixin,ZHANG Xiaoxia,GUO Qingxin. Two hybrid metaheuristic algorithms for hot rolling scheduling[J]. ISIJ International,2009,49(4):529-538.

[98] 王利,赵珺,王伟.基于部分生产重构的冷轧生产重调度方法[J].自动化学报,2011,37(1):99-106.

[99] JIA S J,YI J,YANG G K,et al. A multi-objective optimisation algorithm for the hot rolling batch scheduling problem[J]. International Journal of Production Research,2013,51(3):667-681.

[100] 王利,高宪文,王伟,等.基于模型的子空间聚类与时间段蚁群算法的合同生产批量调度方法[J].自动化学报,2014,40(9):1991-1997.

[101] KENNEDY J,EBERHART R C. Particle swarm optimization[C]. New York:

IEEE,1995:1942-1948.

[102] 王志刚,赵珺,王伟.冷轧合同批量调度的模糊 Job Shop 模型及算法[J].控制与决策,2009,24(10):1455-1462.

[103] 宋继伟,唐加福.基于离散粒子群优化的轧辊热处理调度方法[J].管理科学学报,2010,13(6):44-53.

[104] 薛云灿,郑东亮,杨启文.基于改进离散粒子群算法的炼钢连铸最优浇次计划[J].控制理论与应用,2010,27(2):273-277.

[105] TANG Lixin, WANG Xianpeng. An improved particle swarm optimization algorithm for the hybrid flowshop scheduling to minimize total weighted completion time in process industry[J]. IEEE Transactions on Control Systems Technology,2010,18(6):1303-1314.

[106] Tang J F,Song J W. Discrete particle swarm optimisation combined with no-wait algorithm in stages for scheduling mill roller annealing process[J]. International Journal of Computer Integrated Manufacturing,2010,23(11):979-991.

[107] HAO Jinghua, LIU Min, JIANG Shenglong, et al. A soft-decision based two-layered scheduling approach for uncertain steelmaking-continuous casting process[J]. European Journal of Operational Research,2015,244:966-979.

[108] COWLING P I, OUELHADJ D, PETROVIC S. A multi-agent architecture for dynamic scheduling of steel hot rolling[J]. Journal of Intelligent Manufacturing,2003,14(5):457-470.

[109] COWLING P I, OUELHADJ D, PETROVIC S. Dynamic scheduling of steel casting and milling using multi-agents[J]. Production Planning and Control,2004,15(2):178-188.

[110] OUELHADJ D,PETROVIC S,COWLING P I,et al. Inter-agent cooperation and communication for agent-based robust dynamic scheduling in steel production[J]. Advanced Engineering Informatics,2004,18(3):161-172.

[111] 赵珺,战洪仁,王晓琳,等.基于多智能体的连铸—热轧一体化生产调度模型[J].仪器仪表学报,2008,29(7):1540-1543.

[112] 王越,苏宏业,沈清泓,等.基于 OPM/MAS 的钢铁企业多 agent 生产调度模

型[J]. 控制与决策,2014(11):1927-1934.

[113] TANG Lixin, LIU Jiyin, RONG Aiying, et al. A multiple traveling salesman problem model for hot rolling scheduling in Shanghai Baoshan Iron & Steel Complex[J]. European Journal of Operational Research, 2000, 124 (2): 267-282.

[114] ZHAO Ning, LIANG Yan. Interactive dynamic schedule rapidly on steel making-continuous casting[J]. Applied Mechanics and Materials,2011,88-89:259-263.

[115] 赵宁,丁文英,董绍华,等. 基于约束联动的炼钢—连铸动态调度[J]. 系统工程理论与实践,2011,31(11):2177-2184.

[116] LIU Min, WU Cheng. Identical parallel machine scheduling problem for minimizing the makespan using genetic algorithm combined by simulated annealing[J]. Chinese Journal of Electronics,1998,7(10):317-321.

[117] YANG Shengxiang, WANG Dingwei. Constraint satisfaction adaptive neural network and heuristics combined approaches for generalized job-shop scheduling [J]. IEEE Transactions on Neural Networks,2000,11(2):474-486.

[118] Li Lin,HUO Jiazhen,TANG Ou. A hybrid flowshop scheduling problem for a cold treating process in seamless steel tube production[J]. International Journal of Production Research,2010,49(15):4679-4700.

[119] CHEN Yuwang,LU Yongzai,GE Ming,et al. Development of hybrid evolutionary algorithms for production scheduling of hot strip mill [J]. Computers and Operations Research,2012,39(2):339-349.

[120] 陈立,唐秋华,陈伟明,等. 融合约束满足和遗传优化的炼钢连铸生产调度[J]. 计算机集成制造系统,2013,19(11)2834-2846.

[121] 唐秋华,郑鹏,张利平,等. 融合启发式规则和文化基因算法的多缓冲炼钢—连铸生产调度[J]. 计算机集成制造系统,2015,21(11):2955-2963.

[122] KUYAMA S, TOMIYAMA S. A crane guidance system with scheduling optimization technology in a steel slab yard[J]. ISIJ International,2016,56:820-827.

[123] LYU J, GUNASEKARAN A. An intelligent simulation model to evaluate

scheduling strategies in a steel company［J］. International Journal of Systems Science,1997,28(6):611-616.

［124］ LIU Shixin, TANG Jiafu, SONG Jianhai. Order – planning model and algorithm for manufacturing steel sheets ［J］. International Journal of Production Economics,2006,100(1):30-43.

［125］ 李铁克,周健,孙林.连铸连轧和冷装热轧并存环境下的炼钢—连铸生产调度模型与算法［J］.系统工程理论与实践,2006,26(6):117-123.

［126］ LI Lin, HUO Jiazhen. Multi-objective flexible job-shop scheduling problem in steel tubes production［J］. Systems Engineering,2009,29(8):117-126.

［127］ 李铁克,苏志雄.炼钢连铸生产调度问题的两阶段遗传算法［J］.中国管理科学,2009,17(5):68-74.

［128］ SHAH M J, DAMIAN R. Dynamic scheduling in a steel plant using expert system［C］. Piscataway:IEEE,1989:16-18.

［129］ SHAW K J, NORTCLIFFE A L, THOMPSON M, et al. Interactive batch process schedule optimization and decision-making using multiobjective genetic algorithms［C］. Piscataway:IEEE,1999,6:486-491.

［130］ 庞哈利,王庆,郑秉霖.分布式炼钢—连铸在线生产调度系统［J］.东北大学学报(自然科学版),1999,20(6):580-582.

［131］ 赵宁,李亮,杜彦华.多阶段人机协同的炼钢—连铸调度方法［J］.计算机集成制造系统,2014,20(7):1675-1683.

［132］ NORBIS M, SMITH J M. An Interactive decision support system for the resource constrained scheduling problem［J］. European Journal of Operational Research,1996,94(1):54-65.

［133］ 张其亮,陈永生.基于混合粒子群 – NEH 算法求解无等待柔性流水车间调度问题［J］.系统工程理论与实践,2014(3):802-809.

［134］ TAN Yuanyuan, LIU Shixin, HUANG Yinglei. A hybrid approach for the integrated scheduling of steel plants ［J］. ISIJ International, 2013, 53 (5): 848-853.

［135］ JIANG Shenglong, LIU Min, HAO Jinghua, et al. A bi-layer optimization approach for a hybrid flow shop scheduling problem involving controllable processing times in the steelmaking industry[J]. Computers and Industrial Engineering,2015,87 (C):518-531.

[136] TEGHEM J,TUYTTENS D. A bi-objective approach to reschedule new jobs in a one machine model [J]. International Transactions in Operational Research, 2014,21(6):871-898.

[137] MEHTA S V. Predictable scheduling of a single machine subject to breakdowns [J]. International Journal of Computer Integrated Manufacturing,1999,12(1): 15-38.

[138] VIEIRA G E, HERRMANN J W, LIN E. Analytical models to predict the performance of a single-machine system under periodic and event-driven rescheduling strategies[J]. International Journal of Production Research,2000, 38(8):1899-1915.

[139] VIEIRA G E, HERMANN J W, LIN E. Rescheduling manufacturing systems:a framework of strategies,policies and methods[J]. Journal of Scheduling,2003,6 (1):36-92.

[140] AYTUG H,LAWLEY M A,MCKAY K,et al. Executing production schedules in the face of uncertainties:A review and some future directions [J]. European Journal of Operational Research,2005,161(1):86-110.

[141] HERROELEN W, LEUS R. Project scheduling under uncertainty:Survey and research potentials[J]. European Journal of Operational Research, 2005, 165 (2):289-306.

[142] WU S D, STORER R H, CHANG P C. A rescheduling procedure for manufacturing systems under random disruptions[C]. Berlin:Springer,1991: 292-306.

[143] WU S D,STORER RH,CHANG P C. One machine rescheduling heuristics with efficiency and stability as criteria[J]. Computers and Operations Research, 1993,20(1):1-14.

[144] SHEN Xiaoning, MINKU L, BAHSOON R, et al. Dynamic software project

scheduling through a proactive-rescheduling method[J]. IEEE Transactions on Software Engineering,2016,42(7):658-686.

[145] SHAFAEI R,BRUNN P. Workshop scheduling using practical(inaccurate)data Part 2:An investigation of the robustness of scheduling rules in a dynamic and stochastic environment[J]. International Journal of Production Research,1999, 37(18):4105-4117.

[146] HALL N G,POTTS C N. Rescheduling for Job Unavailability[J]. Operations Research,2010,58(3):746-755.

[147] LIU Yanchao, FERRIS M C, ZHAO Feng. Computational study of security constrained economic dispatch with multi-stage rescheduling [J]. IEEE Transactions on Power Systems,2015,30(2):920-929.

[148] OLTEANU A,POP F,DOBRE C,et al. A dynamic rescheduling algorithm for resource management in large scale dependable distributed systems [J]. Computers and Mathematics with Applications,2012,63(9):1409-1423.

[149] HAMZADAYI A, YILDIZ G. Hybrid strategy based complete rescheduling approaches for dynamic m identical parallel machines scheduling problem with a common server [J]. Simulation Modelling Practice and Theory, 2016, 63: 104-132.

[150] COWLING P,JOHANSSON M. Using real time information for effective dynamic scheduling[J]. European Journal of Operational Research, 2002, 139 (2): 230-244.

[151] KATRAGJINI K,VALLADA E,RUIZ R. Flow shop rescheduling under different types of disruption[J]. International Journal of Production Research,2013,51 (3):780-797.

[152] LIU Zhixin,RO Y K. Rescheduling for machine disruption to minimize makespan and maximum lateness[J]. Journal of Scheduling,2014,17(4):339-352.

[153] KANG Liujiang,WU Jiangjun,SUN Huijun,et al. A practical model for last train rescheduling with train delay in urban railway transit networks [J]. Omega, 2014,50:29-42.

［154］ WANG Pengling, MA Lei, GOVERDE R M P, et al. Rescheduling trains using Petri nets and heuristic search ［J］. IEEE Transactions on Intelligent Transportation Systems, 2016, 17(3):726-735.

［155］ YIN Yunqiang, CHENG T C E, WANG Dujuan. Rescheduling on identical parallel machines with machine disruptions to minimize total completion time ［J］. European Journal of Operational Research, 2016, 252(3):737-749.

［156］ SMITH S F. Reactive Scheduling Systems ［J］. Intelligent Scheduling Systems 1995, 3:155-192.

［157］ HUANG G Q, Lau J S K, MAK K L, et al. Distributed supply-chain project rescheduling: Part II-distributed affected operations rescheduling algorithm［J］. International Journal of Production Research, 2006, 44:1-25.

［158］ LV Qiao. Process planning and scheduling integration with optimal rescheduling strategies［J］. International Journal of Computer Integrated Manufacturing, 2013, 27(7):638-655.

［159］ WANG Bing, LIU Tao. Rolling partial rescheduling with efficieny and stability based on local search algorithm［J］. Lecture Notes in Computer Science, 2006, 4113:937-942.

［160］ MORATORI P, PETROVIC S. Match-up approaches to a dynamic rescheduling problem ［J］. International Journal of Production Research, 2012, 50(1):261-276.

［161］ ZAKARIA Z, PETROVIC S. Genetic algorithms for match-up rescheduling of the flexible manufacturing systems［J］. Computers and Industrial Engineering, 2012, 62(2):670-686.

［162］ O' DONOVAN R, UZSOY R, MCKAY K N. Predictable scheduling of a single machine with breakdowns and sensitive jobs ［J］. International Journal of Production Research, 1999, 37(18):4217-4233.

［163］ ROY R, ADESOLA B A, THORNTON S. Development of a knowledge model for managing schedule disturbance in steel-making ［J］. International Journal of Production Research, 2004, 42(18):3975-3994.

[164] DORN J, KERR R, THALHAMMER G. Reactive scheduling: Improving the robustness of schedules and restricting the effects of shop floor disturbances by fuzzy reasoning[J]. International Jouranl of Human – Computer Studies,1995,42 (6):687-704.

[165] DORN J. Case-based reactive scheduling[M]. Berlin:Springer,1995.

[166] WORAPRADYA K, BURANATHITI T. Production rescheduling based on stability under uncertainty for continuous slab casting[C]. Bangkok:Proceedings of ASIMMOD,2009:170-175.

[167] WORAPRADYA K, THANAKIJKASEM P. Worst case performance scheduling facing uncertain disruption in a continuous casting process [C]. Piscataway: IEEE,2010:291-295.

[168] OZOE Y, KONISHI M. Agent based scheduling of steel making process[C]. Piscataway:IEEE,2009,26-29:278-281.

[169] SHAH M J, DAMIAN R, SILVERMAN J. Knowledge based dynamic scheduling in a steel plant[C]. Los Alamitos:IEEE Comput. Soc. Press,1990:108-113.

[170] OUELHADJ D, COWLING P I, PETROVIC S. Utility and stability measures for agent – based dynamic scheduling of steel continoues casting[C]. Piscataway: IEEE,2003:14-19.

[171] DORN J, KERR R M. Co-operating scheduling systems communicating through fuzzy sets[C]. Oxford:Pergamon,1994:687-704.

[172] DORN J. Cooperating scheduling systems [J]. International Journal of Manufacturing Technology and Management,2001,3(6):570-585.

[173] SUH M S, LEE A, Lee Y J, et al. Evaluation of ordering strategies for constraint satisfaction reactive scheduling[J]. Decision support systems,1998,22(2):187-197.

[174] HOU Dongliang, LI Tieke. Analysis of random disturbances on shop floor in modern steel production dynamic environment[J]. Procedia Engineering,2012, 29:663-667.

[175] GUO Dongfen, LI Tieke. Rescheduling algorithm for steelmaking-continuous

casting[C]. Piscataway: Inst. of Elec. and Elec. Eng. Computer Society, 2007:1421-1425.

[176] LI Tieke, GUO Dongfen. Constraint-based approach for steelmaking – continuous casting rescheduling[C]. Berlin: Springer Verlag, 2007, 4570:1108-1117.

[177] 李铁克,肖拥军,王柏琳,等. 基于局部性修复的 HFS 机器故障重调度[J]. 管理工程学报,2010,24(3):45-49.

[178] ZHANG Chunsheng, LI Tieke, WANG Bolin, et al. Dynamic modeling method for the scheduling problem in steelmaking-continuous casting with disturbance of product quality[J]. Energy procedia,2011,13:253-261.

[179] 王柏琳,李铁克,张春生,等. 基于动态约束满足的考虑连铸机故障的炼钢连铸调度算法[J]. 计算机集成制造系统,2011,17(10):2185-2194.

[180] MAO Kun, PAN Quanke, PANG Xinfu, et al. An effective Lagrangian relaxation approach for rescheduling a steelmaking-continuous casting process[J]. Control Engineering Practice,2014,30:67-77.

[181] LI Junqing, PAN Quanke, MAO Kun. A hybrid fruit fly optimization algorithm for the realistic hybrid flowshop rescheduling problem in steelmaking systems[J]. IEEE Transactions on Automation Science & Engineering, 2016, 13(2): 932-949.

[182] 郑忠,朱道飞,高小强. 钢厂炼钢—连铸生产调度及重计划方法[J]. 重庆大学学报,2008,31(7):820-824.

[183] CHEN Kai, ZHENG Zhong, LIU Yi, et al. Real-time scheduling method for steelmaking-continuous casting[C]. Piscataway: IEEE Computer Society,2010: 2366-2370.

[184] TANG Lixin, ZHAO Yue, LIU Jiyin. An improved differential evolution algorithm for practical dynamic scheduling in steelmaking-continuous casting production [J]. IEEE Transactions on Evolutionary Computation,2014,18(2):209-225.

[185] 于港,田乃媛,徐安军,等. 炼钢厂设备调整的动态调度和鲁棒性研究[J]. 控制工程,2010,17(6):861-865.

[186] 芦永明,田乃媛,徐安军,等. 基于一体化生产的炼钢—连铸批量计划与调度

［J］.信息与控制,2011,40(5):15-720.

［187］单多,芦永明,徐安军,等.冶铸轧一体化生产下动态调度策略和方法研究［J］.控制工程,2012,19(1):20-24.

［188］KIM K H,Park Y M. A crane scheduling method for port container terminals［J］. European Journal of Operational Research,2004,156(3):752-768.

［189］NG W C. Crane scheduling in container yards with inter-crane interference［J］. European Journal of Operational Research,2005,164(1):64-78.

［190］LI Wenkai,WU Yong,PETERING M E H,et al. Discrete time model and algorithms for container yard crane scheduling［J］. European Journal of Operational Research,2009,198(1):165-172.

［191］WU Yong,LI Wenkai,PETERING M E H,et al. Scheduling multiple yard cranes with crane interference and safety distance requirement［J］. Transportation Science,2015,49(4):990-1005.

［192］ANDREW L,Brian R,XIAO Fei,et al. Crane scheduling with spatial constraints:Mathematical model and solving approaches［J］. Naval Research Logistics,2010,51(3):386-406.

［193］赵宁,穆云,徐传标,等.基于 RESTART 方法的同轨多天车仿真调度［J］.系统工程理论与实践,2016,36(7):1826-1836.

［194］TANG Lixin,XIE Xie,LIU Jiyin. Crane scheduling in a warehouse storing steel coils［J］. IIE Transactions,2013,6(3):267-282.

［195］XIE Xie,ZHENG Yongyue,LI Yanping. Multi-crane scheduling in steel coil warehouse［J］. Expert Systems with Application,2014,41(6):2874-2885.

［196］KUYAMA S,TOMIYAMAS. A crane guidance system with scheduling optimization technology in a steel slab yard［J］. ISIJ International,2016,56(5):820-827.

［197］GABRIELA N M,YASSINE O,MARTIN G R,et al. Crane scheduling problem with non-interference constraints in a steel coil distribution centre［J］. International Journal of Production Research,2017,55(6):1607-1622.

［198］陈开,周超,郑忠.面向炼钢厂多机多任务天车调度的仿真方法［J］.重庆大

学学报,2011,34(7):39-45.

[199] 何明,唐秋华,王盛龙.炼钢—连铸天车调度规则设计与评价[J].机械设计与制造,2012,(9):257-259.

[200] 王旭,刘士新,王佳.求解具有时空约束的天车调度问题 Memetic 算法[J].东北大学学报,2014,35(2):190-194.

[201] GAO Xiaoqiang,LI Pan,ZHENG Zhong,et al. Studying on a genetic-simulation optimization algorithm method for steel crane scheduling problem[J]. Science Innovation,2016,4(6):283-289.

[202] 王秀英,刘炜,郑秉霖,等.钢包调度仿真软件包的设计与实现[J],系统仿真学报,2007,19(13):2913-2916+2971.

[203] 宋军,孙峰,张海滨,等.钢包周转的动态管理模式研究[J],莱钢科技 2008,137(5):56-59.

[204] 张涛.涉及钢包周转的炼钢—连铸生产作业计划优化方法研究[D].重庆:重庆大学硕士论文,2009.

[205] XIE Xie,KONG Xiangyue,ZHENG Yongyue,et al. A Heuristic Algorithm for Solving Multi-Crane Scheduling Problem in Batch Annealing Process[J]. Applied Mechanics and Materials,2014(3403):179-182.

[206] XIE Xie,KONG Xiangyue,ZHENG Yongyue,et al. A Polynomially Solvable Case for Solving Crane Scheduling Problem in Batch Annealing Process[J]. Applied Mechanics and Materials,2014(3082):543-577.

[207] REN Huizhi,JIAN Tao. A simulation-based immune genetic algorithm for the crane scheduling problem[J]. Journal of Chemical and Pharmaceutical Research,2015,7(3):1626-1632.

[208] BIERWIRTH C,MEISEL F. A follow-up survey of berth allocation and quay crane scheduling problems in container terminals[J]. European Journal of Operational Research,2015,244(3):675-689.

[209] XIE Xie,ZHENG Yongyue,LI Yanping. Multi-crane scheduling in steel coil warehouse[J]. Expert Systems with Applications,2014,41(6):2874-2885.

[210] MASCHIETTO G N,OUAZENE Y,RAVETTI M G ,et al. Crane scheduling

problem with non-interference constraints in a steel coil distribution centre[J]. International Journal of Production Research,2017,55(6):1607-1622.

[211] XIE Xie, KONG Xiangyue, ZHENG Yongyue, et al. Heuristic Algorithm for Solving Multi-Crane Scheduling in Steel Coil Warehouse[C]. Switzerland:Trans Tech Publications,2014,543:1559-1562.

[212] KUYAMA S, TOMIYAMA S. A crane guidance system with scheduling optimization technology in a steel slab yard[J]. ISIJ International,2016,56(5):820-827.

[213] 谭园园,魏震,王森,等. 基于 VRPTW－AT 模型的钢包优化调度方法[J]. 系统工程学报,2013(1):94-100.

[214] 肖阳.基于 UML 与 Plant Simulation 的钢包周转调度研究[D].重庆:重庆大学,2012.

[215] 张燕.炼钢—连铸生产过程钢包优化调度模型与算法 [D].沈阳:东北大学,2012.

[216] 冯凯,贺东风,徐安军,等.钢包调度评价方法研究[J].东北大学学报(自然科学版),2015,36(12):1728-1732.

[217] 王秀英,郑秉霖,柴天佑.面向 MES 的炼钢—连铸协同调度系统[J].控制工程,2005,12(6):573-576.

[218] 黄帮福,马志伟,麻德铭,等.炼钢厂钢包互用优化模型研究[J].炼钢,2016,32(5):48-53.

[219] 黄帮福,田乃嫒,施哲,等.钢包互用条件及影响因素[J].重庆大学学报:自然科学版,2017,40(2):52-59.

[220] 王秀英.炼钢—连铸混合优化调度方法及应用[D].沈阳:东北大学,2012.

[221] 王中毅.行车及铁钢包调度系统在炼钢厂的应用[J].硅谷,2012(14):109-110.

[222] 陈培,方仕雄,钱王平,等.基于 RFID 和 WLAN 的钢包自动定位调度系统[J].工业仪表与自动化装置,2011(5):46-49.

[223] 魏静,刘慧洁,肖红.工业物联网应用于钢包运行维护管理中的分析和实践[J].冶金自动化,2016(6):50-53.

[224] 朱道飞,王华,王建军,等. 基于 Petri 网和 UML 的钢厂天车调度系统仿真 [J]. 昆明理工大学学报(自然科学版),2013,38(3):5-11.

[225] 王生金,李波,白志坤,等. 钢包高效周转生产实践[J]. 河北冶金,2017(1): 41-43.

[226] 陈文飞,刘华. 梅钢运输调度系统架构分析[J]. 梅山科技,2007(A02): 36-38.

[227] 朱祥. 包钢新体系钢包跟踪系统的实现[J]. 科技致富向导,2015(15): 20-20.

[228] 蔡峻,汪红兵,徐安军,等. 钢包一体化管理系统的开发及应用[J]. 冶金自动 化,2014,38(4):30-36.

[229] 蔡峻. 迁钢二炼钢钢包一体化管控系统的研究与应用[D]. 北京:北京科技 大学,2015.

[230] 刘在春,朱正海,袁威,等. 钢包自动跟踪定位系统开发与设计[J]. 宽厚板, 2016,22(4):36-39.

[231] YANG D L,HOU Y T,KUO W H. A note on a single-machine lot scheduling problem with indivisible orders[J]. Computers and Operations Research,2017, 79:34-38.